高等法律职业教育系列教材

安全防范技术与应用

ANQUAN FANGFAN JISHU YU YINGYONG

主　审○余立新　吴　毅

主　编○齐　霞　周静茹

副主编○曾　郁　田加知　余君龙

撰稿人○（按姓氏笔画排序）

王明才　车　颖　方　鸣　田加知

齐　霞　余君龙　周静茹　曾　郁

中国政法大学出版社

2018·北京

图书在版编目（ＣＩＰ）数据

安全防范技术与应用 / 齐霞，周静茹主编. —北京：中国政法大学出版社，2018.1（2024.1重印）
ISBN 978-7-5620-8013-8

Ⅰ.①安…　Ⅱ.①齐…②周…　Ⅲ.①安全装置—电子设备—系统工程—教材　Ⅳ.①TM925.91

中国版本图书馆CIP数据核字(2018)第008248号

出 版 者　　中国政法大学出版社

地　　址　　北京市海淀区西土城路 25 号

邮　　箱　　fadapress@163.com

网　　址　　http://www.cuplpress.com (网络实名：中国政法大学出版社)

电　　话　　010-58908435(第一编辑部) 58908334(邮购部)

承　　印　　固安华明印业有限公司

开　　本　　787mm×1092mm　1/16

印　　张　　10

字　　数　　189 千字

版　　次　　2018 年 1 月第 1 版

印　　次　　2024 年 1 月第 3 次印刷

印　　数　　6001~8000 册

定　　价　　32.00 元

高等法律职业教育系列教材
审定委员会

总 序

高等法律职业化教育已成为社会的广泛共识。2008 年，由中央政法委等15 部委联合启动的全国政法干警招录体制改革试点工作，更成为中国法律职业化教育发展的里程碑。这也必将带来高等法律职业教育人才培养机制的深层次变革。顺应时代法治发展需要，培养高素质、技能型的法律职业人才，是高等法律职业教育亟待破解的重大实践课题。

目前，受高等职业教育大趋势的牵引、拉动，我国高等法律职业教育开始了教育观念和人才培养模式的重塑。改革传统的理论灌输型学科教学模式，吸收、内化"校企合作、工学结合"的高等职业教育办学理念，从办学"基因"——专业建设、课程设置上"颠覆"教学模式："校警合作"办专业，以"工作过程导向"为基点，设计开发课程，探索出了富有成效的法律职业化教学之路。为积累教学经验、深化教学改革、凝塑教育成果，我们着手推出"基于工作过程导向系统化"的法律职业系列教材。

《国家中长期教育改革和发展规划纲要（2010～2020 年）》明确指出，高等教育要注重知行统一，坚持教育教学与生产劳动、社会实践相结合。该系列教材的一个重要出发点就是尝试为高等法律职业教育在"知"与"行"之间搭建平台，努力对法律教育如何职业化这一教育课题进行研究、破解。在编排形式上，打破了传统篇、章、节的体例，以司法行政工作的法律应用过程为学习单元设计体例，以职业岗位的真实任务为基础，突出职业核心技能的培养；在内容设计上，改变传统历史、原则、概念的理论型解读，采取"教、学、练、训"一体化的编写模式。以案例等导出问题，根据内容设计相应的情境训练，将相关原理与实操训练有机地结合，围绕关键知识点引入相关实例，归纳总结理论，分析判断解决问题的途径，充分展现法律职业活动的演进过程和应用法律的流程。

法律的生命不在于逻辑，而在于实践。法律职业化教育之舟只有驶入法律实践的海洋当中，才能激发出勃勃生机。在以高等职业教育实践性教学改革为平台进行法律职业化教育改革的路径探索过程中，有一个不容忽视的现实问题：高等职业教育人才培养模式主要适用于机械工程制造等以"物"作为工作对象的职业领域，而法律职业教育主要针对的是司法机关、行政机关等以"人"作为工作对象的职业领域，这就要求在法律职业教育中对高等职业教育人才培养模式进行"辩证"地吸纳与深化，而不是简单、盲目地照搬照抄。我们所培养的人才不应是"无生命"的执法机器，而是有法律智慧、正义良知、训练有素的有生命的法律职业人员。但愿这套系列教材能为我国高等法律职业化教育改革作出有益的探索，为法律职业人才的培养提供宝贵的经验、借鉴。

2016 年 6 月

前　言

随着社会经济的发展，人们更加关注生存环境的安全防范系统的建设，安全防范系统的应用已经从国家要害部门扩展到了当今的公共场所、大型建筑、金融交通以及社区等各个领域，安全防范行业正在成为我国的朝阳行业。

根据我国社会经济发展和职业结构变化，应运而生安全防范设计评估师和安全防范系统安装维护员两个新职业。安全防范技术为此成为以上两个新职业学习过程中的主干课程，为了给高职院校的学生提供一本合适的教材，我们组织了兄弟院校的老师及以及实践部门的专家组成编写组，编成了这本供高职院校教学和职业培训所用的《安全防范技术与应用》。

在编写过程中我们遵照国家标准和职业标准，和"职业活动为导向，职业能力为核心"的指导思想以及广东司法警官职业学院的职业培养特色的有关要求，内容上力求淡化理论、够用为度，培养技能，重在使用；在能力上要求围绕着"培养学生职业技能"这条主线来设计，合理安排基础知识和实践知识的比例，力求简洁、清晰、多用图表表达信息；在取材方面既考虑了安全防范技术日新月异的发展，又考虑到目前高职高专学生的基础和特点，尽量使教材既有深度又有广度。

本教材由齐霞和周静茹担任主编，曾郁、田加知、余君龙担任副主编，编写任务的分配为广东司法警官职业学院的齐霞、周静茹撰写第一单元，广东司法警官职业学院的齐霞、曾郁、田加知撰写第二单元，山东省淄博人民警察训练基地车颖撰写第三单元，广东司法警官职业学院的方鸣、曾郁、余君龙撰写第四单元，山东省淄博市沂源县公安局王明才撰写第五单元。

本教材于 2017 年 8 月完稿之后，由广州铁路公安局安检办公室余立新主任和广州市公安局天河区分局吴毅警官对全书书稿进行了审读并提出了宝贵的修改意见。撰写过程中引用和参考了一些专家和学者的论著并受到许多同行的指导和帮助，在此深表感谢。由于时间仓促，加之水平有限，难免有遗漏或不足之处，敬请广大读者批评指正。

编者
2017 年 9 月 7 日

学习单元一
安全防范概述

知识目标

安全的涵义

安全防范的涵义

安全技术防范的涵义

安全防范技术的涵义

能力目标

掌握安全防范系统三要素间的关系

 知识内容

项目一　安全防范的涵义

一、安全的涵义

（一）安全的概念

伴随着社会的发展和人民生活水平的提高，安全已成为人们日常生活中最为关注的话题之一。"安全"的"安"是指不受威胁，没有危险，太平、安全、安适、稳定，可谓无危为安；"安全"的"全"是指完满、完整或没有伤害，无残缺，可谓无损则全。依据《现代汉语词典》的释义，"安全"即"没有危险、不受威胁、不出事故"。显而易见，"安全"所表示的是一种状态，一种没有危险、不受威胁、不出事故的客观状态。

安全是人类的一种基本的社会需求。美国著名心理学家和行为科学家马斯洛根据人们需求的迫切程度，提出了需求层次理论。他认为，人的需求是分层次的，是不断增长和向更高层次发展的，如图1－1所示。人类在解决了自己的衣、食、住、行的需求之后，首先产生的就是对安全的需求。安全是人类生产、生活得以正常进行的基本保障，包括工作收入稳定、身体健康、生命财产不受侵害等。安全在生命繁衍和人类的生存发展中是极其重要的，没有安全保障，人的社交、尊重、自我实现等其他需求则无从谈起。

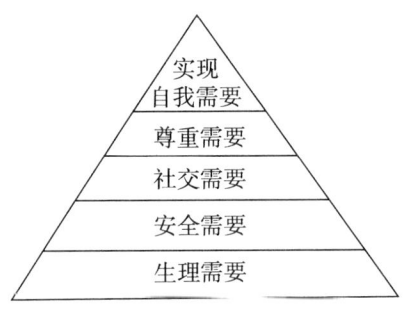

图1－1　马斯洛需求层次论图

1. 中西方"安全"概念之比较

中文所说的"安全"，在英文中有 Safety 和 Security 两种解释。牛津大学出版的《现代高级英汉双解词典》对 Safety 一词的解释是：安全、平安、稳妥，保险（锁）、保险（箱）等；而对 Security 一词的解释是：安全、无危险、无忧虑，提供安全之物，使免除危险或忧虑之物，抵押品、担保品，安全（警察）、安全（部队）等。这两个英语单词在词义上虽有交叉，但还是有很大区别。Security 所表示的安全的危险源，具有明显的社会人文特征，含有人为蓄意因素，如非法入侵、盗、抢、破坏、爆炸等违法犯罪活动和治安灾害事故等；而 Safety 所表示的安全的危险源，具有明显的自然或准自然属性，源自无意识的失误或突发事件，如自然灾害、技术缺陷、环境恶化、生产安全事故等。在我国所开展的安全防范活动中，"安全防范"所防范的是各种刑事案件、治安案件、治安灾害事故，针对的安全威胁具有明显的人为蓄意特征。中文所讲的"安全"是一种广义的安全，包括两层涵义：一是自然属性或准自然属性的安全，它对应英文中的 Safety；二是社会人文性的安全，与 Security 相对应。自然属性或准自然属性的安全被破坏主要不是由人的有目的的参与而造成的，社会人文性的安全被破坏主要是由于人的有目的的参与而造成的。因此，我们常说的安全防范主要是指狭义的安全（Security），国外通常称之为"保安"。

2. 安全防范的内涵——损失预防与犯罪预防

在西方，不用"安全防范"这个词，而用损失预防和犯罪预防（Loss Prevention & Crime Prevention），这个概念就像中文的安全与防范连在一起使用，构成一个新的复合词。在西方，Loss Prevention 和 Crime Prevention 也是连在一起使用的。损失预防与犯罪预防构成了 Safety/Security 一个问题的两个方面。Loss Prevention 通常是指社会保安业的工作重点，而 Crime Prevention 则是警察执法部门的工作重点，只有两者的有机结合，才能保证社会的安定与安全。从这个意义上说，损失预防和犯罪预防就是安全防范的本质内容。

3. 大公共安全理念

所谓大公共安全理念，就是综合安全理念，是指为社会公共安全提供时时安全、处处安全的综合性安全服务。社会公共安全服务保障体系，是由政府发动、政府组织，社会各界（绝不是公安机关一家，更不是公安部执法部门内部的某一机构）联合实施的综合安全系统工程（硬件、软件）和管理服务体系。公众所需要的综合安全，不仅包括以防盗、防劫、防入侵、防破坏为主要内容的狭义"安全防范"，而且还包括防火安全、交通安全、通信安全、信息安全以及人体防护、医疗救助等诸多内容在内的广义"安全防范"。

（二）安全主体

安全主体又称为安全的指涉对象，是安全存在的基础和载体，安全概念因与不同类型的安全主体相联系而被赋予不同的含义。按照主体的社会形态，安全可以分为个体安全、公共（集体、社群）安全、社会总体安全（如国家安全）和人类安全等。人类安全关注的是全人类的生存与发展，涵盖了粮食、经济、健康、环境、人身、政治、就业、人权、教育安全等内容广泛的议题；国家安全以国家为主体，关注的是国家的生存与发展，其议题主要包括领土、经济、文化、人口安全等；公共安全以社会群体为主体，关注的是社群的生存与发展，涉及自然灾害、事故灾难、公共卫生和社会安全四大方面。安全防范所针对的安全问题属于社会公共安全。

二、安全防范、安全技术防范和安全防范技术

（一）安全防范的涵义

安全防范是指以维护社会公共安全为目的，采取各种防入侵、防盗、防破坏、防火、防暴等措施与手段和运用安全检查，使被保护的对象处于没有危险、不受侵害、不出现事故的安全状态。安全是目的，防范是手段。

就防范手段而言，安全防范包括人力防范、实体（物）防范和技术防范三个范畴。人力防范和实体防范是古已有之的传统防范手段，是安全防范的基础。随着科学技术的不断进步，这些传统的防范手段也不断吸收新科技的内容。技术防范是在近代科学技术（最初是电子报警技术）用于安全防范领域并逐渐形成一种独立防范手段的过程中所产生的一种新的防范概念。

基础的人力防范手段（人防）利用人们自身的传感器（眼、耳等）进行探测，发现妨害或破坏安全的目标，并作出反应，用声音警告、恐吓、设置障碍、武器还击等手段来延迟或阻止危险的发生，在自身力量不足时还要发出求援信号，以期待做出进一步的反应，制止危险的发生或处理已发生的危险。

实体防范（物防）的主要作用在于推迟危险的发生，为"反应"提供足够的时间。现代的实体防范，已不是单纯的物质屏障的被动防范，而是越来越多地采用高科技的手段。这一方面使实体屏障被破坏的可能性变小，增大延迟时间，另一方面也使实体屏障本身增加探测和反应的功能。

技术防范手段可以说是人力防范手段和实体防范手段的功能延伸和加强，是对人力防范和实体防范在技术手段上的补充和加强。技术防范手段要融入人力防范和实体防范之中，使人力防范和实体防范在探测、延迟、反应三个基本要素中不断地增加高科技含量，不断提高探测能力、延迟能力和反应能力，使防范手段真正起到作用，达到预期的目的。

（二）安全技术防范的涵义

安全技术防范为了达到防入侵、防盗、防破坏的目的，综合应用器材、设备构成系统，与人力防范、实体防范形成全天候、全方位、全自动的安全防范体系。

安全技术防范系统是安全防范技术综合运用的平台，以维护社会安全为目的，运用安全防范产品和其他相关产品所构成的入侵报警系统、视频监控系统、出入口控制系统、防爆安全检查系统等防范与应对安全隐患。常用的安全技术防范系统有：

（1）入侵报警系统。这是指利用传感技术和电子信息技术探测并指示非法进入或试图非法进入设防区域的行为，处理报警信息，发出报警信息的电子系统或网络。

（2）视频监控系统。这是指利用视频技术探测、监视设防区域并实时显示、记录现场图像的电子系统或网络。

（3）出入口控制系统。这是指利用自定义符识别或/和模式识别技术对出入口目标进行识别并控制出入口执行机构启闭的电子系统或网络。

（4）防爆安全检查系统。这是指检查有关人员、行李、货物是否携带或包含爆炸物、武器或其他违禁品的电子系统或网络。

由于安全防范技术是发展中的新兴技术领域，因此上述专业技术的划分只具有相对意义。实际上，上述各项专业技术都涉及诸多不同的自然科学和技术的门类，它们之间相互交叉、相互渗透，专业的界限会变得越来越不明显，同一技术同时应用于不同专业的情况也会越来越多。

（三）安全防范技术的涵义

安全防范技术是指将电子技术、传感技术、光学技术、精密仪器制造技术以及计算机技术密切结合并加以综合应用的应用型技术。

项目二　安全防范系统的要素

一、安全防范的三个基本要素

安全防范系统的三个基本要素是：探测、延迟与反应。

探测（Detection）是指感知显性和隐性风险事件的发生并发出报警，及时发现违法犯罪和治安灾害事故的苗头，探测危险的发生并发出相关的报警信号，使防范工作赢得时间上的优势，赢得斗争的主动权。

延迟（Delay）是指延长和推延风险事件发生的进程，推迟违法犯罪的实施时间和治安灾害事故的蔓延，为出警人员赢得宝贵的反应时间，以便在最短的时间内到达现场。

反应（Response）是指为制止风险事件的发生所采取的快速行动，依靠人力防范的实施，制止危险的发生和中止犯罪活动。

在安全防范中，为了实现人防、物防、技防三个基本防范手段的最终目的，要围绕探测、延迟、反应这三个基本防范要素开展工作、采取措施，以预防和阻止风险事件的发生。

二、安全防范系统三要素间的关系

探测、延迟和反应三个基本要素之间是相互联系、缺一不可的关系。一方面，探测要准确无误，延迟时间的长短要合适，反应要迅速；另一方面，反应的总时间应小于（至多等于）探测加延迟的总时间。安全防范系统是人防、物防、技防手段相结合的系统，探测、延迟、反应组成要素相协调，具有预防、制止违法犯罪行为和重大治安事件，维护社会安全功能的有机整体。与任何安全系统一样，安全防范系统是要建立一个可以预测损失和损害的环境，以最大可能地将风险事件抑制在萌芽状态。

及时准确的探测，得以使反应力量掌握快速行动的主动权；充足合理的延迟，得以使反应力量把握主动出击的最佳时机；而迅速有效的反应，则最终使风险事件的发生得以有效地预防和制止。这三个要素以时间参数为结合点，任何一个要素出差错，都可能会导致防范达不到预期的效果甚至失效。

若将探测时间、延迟时间、反应时间分别用 $T_{探测}$、$T_{延迟}$、$T_{反应}$ 表示，则三者之间应满足以下关系：

$$T_{探测} + T_{反应} \leq T_{延迟}$$

即反应的总时间应小于（至多等于）延迟时间与探测时间之差。

三、安全防范系统终止犯罪的技术手段

【案例1-1】某犯罪嫌疑人通过在银行ATM机上加装读卡器，由此窃取持卡人的银行卡信息及密码，盗取卡内现金，造成持卡人财物的损失。银行自助设备间内的监控虽然记录下整个犯罪过程，却未能在事发时及时报警并有效遏制犯罪。类似案件还有嫌疑人作案时遮挡了人脸或ATM摄像机等情况，导致银行在事后调取监控录像取证时也难以锁定罪犯。

【案例1-2】某电视台《法治进行时》栏目曾播出过两条消息，一是躺在距歌厅外30米处的女尸，二是发生在电梯里的强奸案。两起案件的案发过程虽然都被现场的监控记录下来，但两个年轻的女性最终都死于罪恶之手。案件虽被及时告破，但生命无法挽回，忏悔、判刑依然无法弥补两个家庭的不幸。

智慧城市、物联网、云技术、大数据等新建设形式和新技术应用，促进了安防行业的迅速发展，安防行业呈现出百花齐放的良好势头。最近几年的统计数据显示，我国的安防行业以15%～30%的年增长率迅速成长。安防行业在大步流星向前发展时，却在中止正在进行的犯罪方面不尽如人意，如案例1-1、1-2所示。

安全防范的三个基本要素是感知、延迟与反应，前两者所做的就是记录犯罪和延迟犯罪时间，而后者要做的不是单纯的被动防范，而是越来越多地采用高科技手段，使犯罪行为的破坏性变小，制止危险的发生或处理已发生的危险。一旦设防目标受到侵袭，防范系统能及时发现、及时报警，并自动记录下犯罪分子的作案过程，留下视听资料等，为侦查破案提供直接证据，从而提高公安保卫部门的快速反应能力，有效地揭露、证实和打击犯罪。由于报警及时，罪犯受到惊吓后往往会设法逃离现场。有

的防范系统还带有催泪、喷烟、加锁等主动防范措施，使犯罪分子无法继续作案甚至无力逃脱、束手就擒。

项目三　物联网技术

社会的发展和进步对现有的安全防范系统提出了更高的要求，而物联网的出现给安全防范技术带来了全新的理念和建设思路，迎合了安全防范新需求。

物联网是安防行业向智能化发展的概念平台，可以为安防智能化发展提供更好的资金和技术平台。未来的安防，必将整合在物联网的大平台下，成为接入互联网的"万物"之一。智慧安防通过智慧传感芯片，对信息进行及时感知，实时传送信息，让人与物能够实时地智慧互动，为我们带来一个安全和智慧的新时代。

一、物联网的概念

物联网（IOT，Internet of Things）是指通过装置在物体上的各种信息传感设备，如RFID装置、红外感应器、全球定位系统、激光扫描器等，使物体智能化，并通过接口与互联网相连而形成一个物品与物品相连的巨大的分布式协同网络。物联网将给安全防范技术和系统建设带来深刻的变革，从感知范围、深度到网络传输，再到聚合应用，它将会给现在的孤岛式的安全防范技术带来全面的融合和规范。物联网一体化的安全防范体系是未来安全防范技术发展的必然趋势。

1. 万物互联之网

国际电信联盟（ITU）对物联网定义如下：通过二维码识读设备、射频识别装置、红外感应器、全球定位系统和激光扫描器等信息传感设备，按约定的协议，把任何物品与互联网相连接，进行信息交换和通信，以实现智能化识别、定位、跟踪、监控和管理的一种网络。

2. 物联网的三个层次架构

物联网实现物物之间信息交换和通信的过程包含三个层次：一是感知层，即利用RFID、传感器、二维码等随时随地地获取物体的信息；二是网络层，通过各种电信网络与互联网的融合，将物体的信息实时准确地传递出去；三是应用层，把感知层得到的信息进行处理，实现智能化识别、定位、跟踪、监控和管理等实际应用。

二、物联网时代的安防

(一)物联网时代的安防

强大的物联网以人为中心，以智能感应为介质，展开万物互联的局面。随着市场的引导推动与新技术的整合，物联网给安防行业带来巨大商机，安防行业不能单纯为了安防而安防，应该站在物联网、移动互联网的角度重新审视自己的核心技术、产品，提升自己新的价值定位。

(二)物联网时代的视频应用

物联网是智慧城市的基础，视频监控将是其核心。智慧城市建设不再只是基于互联网和移动互联网技术，物联网在智慧城市的建设中扮演着核心技术和基础平台的角色。物联网以"感知"为核心，通过传感器、摄像头、RFID等感知设备，将城市运行各环节的物理数据采集并上传到云端，通过"云计算、大数据"等分析手段，实现城市智慧管理、企业智慧经营、居民智慧生活的目标。无论从平安城市到智能交通，还是从智能建筑到智能家居或者从智慧医疗到智慧教育，在智慧城市的体系框架中可以看到，物联网是基础，视频监控是核心。视频监控作为物联网感知层的重要环节，以实时视频为载体提供更丰富的用户体验。

(三)视频＋物联网

在物联网的三大层次中，感知层作为物联网识别物体、采集信息的来源，成为物联网的关键。相关数据显示，摄像机采集的数据信息，占据了全世界物联网数据约一半的存储量。传统视频监控技术在智慧城市、公共安全等各行业获得了广泛的应用。而目前视频技术正在升级为"以视频为核心的物联信息服务"，即"视频＋"，"视频＋多维感知"和"视频＋多维应用"。视频叠加多维的物联感知，包括空间信息、动环信息、生物体征、环境温度等，向上输出更多的视频数据应用价值，支持更为宽广的业务应用。

物联网联姻智能安防，其智能化平台的建设应与之同步。因为在物联网的建设中，仅建立基础应用平台是不足的，仅建立运营平台也是不够的，大运营商、平台供应商必须建立在共性基础上，个性化的系统只能在具体应用中实现。以城市公共安全智能视频监控平台为例，该平台是建立在政府支持下，通过物联网进行识别、采集、传输信息的第三方智能平台。它以视频信息为"物"，通过赋予IP地址使得原来散落在各部门、各单位采集的视频信息通过物联网传输，并且集中到一个城市管理平台上，形成"人"和"物"统一，是把智慧城市视频监控系统、报警服务平台、出入口控制、消防安全系统、智能家居、数字城管、城市一卡通系统、智能建筑、远程医疗、远程看护乃至将金融、教育、司法、环保等各类行业应用纳入业务管理的平台。

三、基于物联网的智能应用

智能安防实现了局部的智能、局部的共享和局部的特征感应。正是因为现在的局部性，才为物联网技术在智能安防领域提供了施展空间。物联网和智能安防有很多切入点，数据采集是智能安防和物联网最基本的工作，如何在物物相连的环境下使采集的数据具备智能感知是现在安防领域的一个热门话题，具体如何深入应用还需要进一步的研究。

现阶段，物联网在智能家居、智能交通、远程医疗、智能校园等方面都有安防产品应用的情况，甚至许多应用就是通过传统的安防产品来实现的。

在智能交通方面，目前物联网主要应用是车辆缴费，而车流管理以及汽车违规管理，都是通过安防系统的视频监控系统实现的。现阶段，视频监控在智能交通应用中处于主要角色地位，物联网只是辅助。但是未来的趋势是随着车联网的普及，物联网将会在智能交通中逐渐占据主要地位。

在智能家居方面，智能家居是在物联网的影响之下家居智能的体现，通过物联网技术将家中的各种设备（如家电设备、照明系统、窗帘控制、家居安防等）连接到一起，解决安全防范、环境调节、照明管理、健康监测、家电控制、应急服务等问题。此外还有与智能手机联动运用保护门窗磁铁启闭、保护重要抽屉的无线智能抽屉锁、防入侵无线红外探测器、防燃气泄漏可燃气体探测器、防火灾烟雾探测器、防翻越围墙电子栅栏、防漏水探测器。

在楼宇的智能安防方面，目前已有不少城市开始将物联网技术安防系统用于新型防盗窗上。与传统的栅栏式防盗窗不同，普通人在 15 米距离外基本看不见该防盗窗，走近时才会发现窗户上罩着一层薄网，由一根根相隔 5 厘米的细钢丝组成，并与小区安防系统监控平台连接。一旦钢丝线被大力冲击或被剪断，系统就会即时报警。从消防角度说，这一新型防盗窗也便于居民逃生和获得救助。

物联网技术应用可以为智能安防提供更加宽广的想象空间，物联网将开启安防智能化的深度应用，市场前景十分广阔，是智慧安防时代的新发展。

项目四　安全技术防范行业与深度学习技术的融合

一、人工智能逐渐渗透到安防行业

经过十多年的平安城市建设，中国已经成为全世界最大的安防市场。其中，视频监控作为安防系统中不可或缺的重要组成部分，正日益发挥更加重要的作用。例如，"图像侦查"已经成为刑侦、技侦、网侦之外的公安部门第四大技防手段。遍布城市大街小巷的摄像头，每天都会产生大量的视频资料数据，不仅为稳定社会治安发挥了作用，也为智慧城市和物联感知提供了信息支撑。人工智能能够使这些图像资料快速被消化使用，成为更有价值的情报数据。

目前，新建的监控项目已基本实现高清化，传统的模拟监控正逐步更新换代。随着建设规模的逐步扩大，这将带来存储成本大幅的增长。同时，各地的视频监控联网共享等相关项目已开展多年，随着人工智能、云计算、大数据技术的兴起，平安城市应用正逐步向警务云、大数据应用等方向转变。

高清监控视频信息作为公安部门最重要的数据资源之一，目前还仅停留在事后查看的层面，没有被充分利用。以视频数据为核心的安防监控体系，每天都产生海量数据，让用户从这些数据中寻找线索，不亚于大海捞针。人工的数据回溯，不仅占用大量的人力、物力和时间，同时个人能力的差异也会导致针对视频的认知偏差。例如，道路监控仅针对卡口实现了主干道的车辆识别，覆盖面有限，其他活动目标及特征无法被获取，大多依靠人工进行收集和处理，难以结合多种时空交叉数据进行快速检索和研判比对。因此，智能化已经成为行业发展趋势的共识，智能化就是自动把视频图像里面的内容和目标变成结构化数据。深度学习等技术的成熟，使得由人工智能来自动消化海量监控视频数据成为可能。

二、视频结构化的趋势

结构化数据是指能够直接被表达为目标形状、属性以及身份，并可以大规模地被检索、分析、统计的数据。结合平安城市中摄像头部署的场景特点和用户使用需求，可以将视频结构化数据分解为三大类：车辆结构化数据、行人结构化数据、人脸结构化数据。

（一）车辆结构化

目前似乎已经可以解决车辆识别问题，因为车辆是一种非常特殊的目标，具备独一无二的车牌号码，只要把车牌号码识别出来就可以。标准位置安装的电警卡的摄像头由于分辨率较高，角度非常合适，并具备专用补光灯，可以提高正面识别的成功率，借助深度学习技术的新一代图像识别算法，可以有效地提升车辆识别的准确率，无论是机动车还是非机动车，都可被检测与跟踪，对应的每一个目标的属性也会被识别出来，包括：车牌号码、生产商、型号、年检标的状态，甚至具体是哪个年份的型号也可以被识别出来。

（二）行人结构化

街道上的普通监控摄像机不满足人脸识别分辨率的条件，原因在于：一是视场角往往设置得比较广，和人的距离比较远，导致人脸像素较小；二是光照和高度不合适，虽然可以看清这个人的外形，但要想看清他的面部，尤其想在面部区域得到一个比较高的分辨率，是比较困难的。尽管无法取得清晰的正面人脸照片做识别比对，但是如果能够从目标身上得到其他信息，也是很重要的。以视频结构化分析服务器为例，行人结构化支持对行人性别进行识别；支持对行人头部特征进行识别（戴眼镜、戴帽子）；支持对行人上身和下身衣服的颜色进行识别；支持对行人上身下身衣服的纹理款式进行识别；支持对行人附带的物品进行识别（背包、手提包）。

这些信息虽然跟人脸识别不太一样，但也是一种有效的信息获取途径。例如，搜索红上衣黑裤子背包的妇女，输入这4个搜索条件，即可迅速地找到目标。

（三）人脸结构化

人脸识别技术在过去几年的进展非常大，测试一个标准集时，错误率可能已经变为原来的几千分之一。但是在训练人脸模型识别时，还是要注意光照、角度、表情等问题，实现抗干扰。尽管人脸识别对摄像机的安装部署场景有一定的要求，但目前市场中的动态人脸识别布控产品可以实现：步行街人脸布控，抓拍率大于80%，识别率大于80%；判别性别、年龄、眼镜、墨镜、口罩等人脸属性，即便伪装也能相似识别；人脸旋转角度适应范围，左右侧可达25%。

三、基于视频结构化的大数据分析

在安防监控系统中，摄像头和录像机产生海量视频。当人工智能把图像资料转变成结构化数据后，会产生一个新的结构化数据海洋，数据量仍旧非常庞大。如果结构化数据没有经过很好的挖掘，其也不是有意义的情报。而具备时间和空间属性的结构化数据可以使用数学模型的手段对其进行挖掘，得到的线索信息就会帮助用户分析目标的行为，这在公安部门叫做技战法。例如，一些比较简单的筛选类模型：车辆稽查布控，是检测到一辆车的车牌号码是一个嫌疑犯的车牌号时，平台会立刻预警；人员黑名单，是系统布控了一张逃犯的照片，当在某个地铁站的摄像头里发现一个人长相相似时，平台也会立刻报警。

还有一些比较复杂的研判类模型：车辆频繁夜出，是某些车辆经常在夜间出行，白天几乎不动，这类行为如果排除了正当职业，就属于嫌疑行为；黄牛党，是某些人经常在医院或体育馆门口徘徊出入，如果达到一定频次，就有嫌疑。可以看到，当海量视频图像变成了结构化数据以后，可以为不同行业和不同场景提供丰富有效的数据挖掘应用。

项目五　安全技术防范设备运维服务发展机遇与挑战

安防运维服务是直接面对用户的最终环节，这一环节在安防项目持续运行中起到了极其重要的作用，也成为安防行业中不可或缺的组成部分。随着最近几年政府部门对平安城市、智慧城市建设需求的日益增加，安防设备的数量呈几何级数增长。这些暴增的需求和日积月累下来的安防设备，给安防运维服务提供了新的机遇，也提出了新的挑战。

一、市场与政策推动新需求

近年来，随着平安城市建设以及智慧城市的推进，视频监控系统的规模在不断扩大，动辄上万个监控点，系统设备维护、维修管理的工作量大大增加，单靠人力巡检已经无法满足业务需要。许多的政府项目要求所有的监控视频、网络资源、存储和应用系统都必须是 24 小时工作，发生任何事件必须能及时地发挥高清监控及其智能分析的效用。因此，建立专业的、市场化的运维服务队伍就成为安防市场和用户的客观需求，这为专业运维带来了广阔的市场空间。除了市场存在巨大的需求外，国家对社会公共安全设备的运维管理也非常重视，并出台了《关于加强公共安全视频监控建设联网应用工作的若干意见》等相关文件。

以安防之都深圳为例，深圳市是最早建设智慧城市的几个试点之一。据有关部门统计，深圳市目前就有 130 万个监控摄像头设备。然而如此庞大的设备，并没有给深圳的智慧城市建设带来很大的帮助，反而因为建设得太早，形成了先发劣势。目前，深圳市政府只能采取新建一批设备、改造一批设备的方式进行建设。俗话说，一个项目，三分靠建设，七分靠保养。这 130 万个监控设备，再加上新建的设备，使得整个安防维护成了一个巨大的问题。一般的设备提供商能保证一到两年的维护，但是整体的服务质量和服务效率都不能满足政府部门的需求。同时，因为各个品牌的设备之间存在不兼容的问题，造成很多设备闲置或损坏。因此，目前市场上对专业安防运维服务公司的需求空前高涨。甚至很多的组织和机构，在寻找"以租代建，商业运营"的新模式来解决目前"建设为主、运维滞后"的窘境。

二、安防运维服务的新环境、新挑战

虽然目前安防运维服务的市场需求巨大，但运维服务也面临各种新挑战。

（一）标准不统一，接口协议不开放

目前安防市场上面的产品种类极其丰富，不同产品之间的通讯协议并未完全打通，相同产品在不同公司之间的设备千差万别。例如，深圳市政府从 2009 年就开始推行视频门禁联网项目。虽然这个项目的建设时间相当长，但是整个视频门禁联网项目却无法真正达到最初的目的。因为，每个乡镇都是自己去选择自己满意的安防公司。这些公司的实力参差不齐，造成区域内视频门禁联网的集中管理不能实现。同时，很多小公司在近几年的激烈竞争下已破产倒闭，他们所提供的产品已经不能得到有效利用，因而出现问题之后根本无人来处理。

（二）联网需求增加，运维服务强度增大

目前，许多企业已经不再满足于与本地的安防系统联网，而是通过一个集中管理中心，进行省级乃至全国范围内的大型联网监控。例如，顺丰速运集团就针对自己的营业网点、中转站、仓库、车辆等信息进行全国性视频联网，通过构建一个多级联网共享平台，直观地实现纵向监督和数据共享，保证监督的及时性、准确性、可靠性和可追溯性。

（三）专业运维服务商少

与建设安防系统的要求类似，运维服务项目也有相应的资质和级别要求，技术力量薄弱、缺乏项目执行和管理经验的企业，难以承担重要部门的大型安防系统运维服务。在今后运维服务的招投标过程中，对于一些关键项目，必须考察企业的技术实力和业务经验，制定资质要求和级别要求的门槛。

三、安防运维的新发展、新跨越

安防运维服务作为一种新型的企业经营模式，已经经历了从初期的系统设备维护到今天的安防系统全方位管理运营的发展阶段。

（一）采用更加智能的处理方式

当前监控系统运维服务工作的难点主要体现在缺乏监控视频图像质量的管理手段，缺乏综合运维系统，缺乏先进的运维流程和机制等几个方面。特别是以智能化手段实现系统内监控点图像的自动检测和提示报警，导致在视频监控系统中，无法确保维护的及时性和有效性，往往修复一个故障点需要多日，这对于需要实时无间断监控的系统来说是致命的。因此，随着视频系统的逐渐扩大，使用及维护人员的不断增多，必须引入先进科学的运维流程和机制，明确故障发现、故障受理、定期维护等流程，才能有效地保障视频系统的正常运行。

（二）安防运维与大数据等技术的融合

对于安防运维服务，大数据、云计算技术的价值更多地体现在，在安防运维数据海量增长的过程中如何实现有效的数据挖掘。其中一个方向就是可以通过对海量数据进行分析，让用户提前了解设备及系统的状态变化，提高管理效率及减少系统故障发生的频率。另外，应用移动互联网技术提高安防运维服务的质量和效率。例如，可以将绝大多数运维流程在移动终端上完成，包括设备报修、维保管理、快速统计、身份验证等，其可以基于移动互联网访问运维服务平台，实现数据查询、业务操作、业务流程管理，实现对安防运维的可视化及便捷化。

（三）建立统一的管理和平台

从目前安防运维的发展来看，其管理模式逐渐由粗放型向集约化转变，特别是通过建立统一的运维管理平台，整合不断扩大的社会资源，实现横向和纵向管理，满足企业不断增长的安防运维需求。管理平台可接入市面上大多数品牌的产品，使得整个运维体系具备强大的兼容和承载能力。

（四）引进运维服务外包模式

随着未来安防系统的大型化和大联网化，安防系统的维护也变得越来越庞大和复杂，系统分散、维护成本高等困难也无法让一家运维服务商"一包到底"。为了保证整体运维服务的质量，可以考虑进行运维服务外包，将不同的环节外包给专业的运维服务团队。这样既能够减少用户单位监控专业人员不足的问题，也能大幅度减轻管理人员的压力。提高安防行业的整体体验，获取用户更高的满意度，这也将是安防行业发展的一个大趋势。

（五）重视安防运维的行业化

随着安防行业领域的不断扩展，安防运维也应根据各行业的不同特点，推出针对不同行业的解决方案。对于以往一刀切似的无针对性的安防运维方案，我们应该更多地在借鉴的基础上进行提升优化。在未来，安防运维应更加重视与其他行业解决方案的配套，针对诸如能源、交通、金融、平安城市、教育、医疗等细分行业进行深入研究，以提供更加符合市场需求和高效率的安全运维服务。

（六）打造创新的服务模式

在互联网化的今天，安防运维服务应更多地借鉴 IT 服务的模式，运用互联网化的思维进行服务模式的创新，在提供单一的安防运维服务的同时，为用户提供更多的增值服务。

思考练习

1. 安全防范的涵义。
2. 安全技术防范的涵义。
3. 安全防范技术的涵义。
4. 安全防范的三个基本要素有哪些，它们之间有怎样的关系？
5. 安全技术防范设备运维服务的发展面临着怎样的机遇与挑战？

学习单元二

入侵报警系统

知识目标

了解各种入侵报警探测器的工作原理

了解入侵报警设备、系统的发展方向

降低入侵报警系统误报率的思路

能力目标

熟练安装并使用各种入侵探测器

具备对入侵报警系统设置、调试的能力

 知识内容

项目一　入侵报警系统概述

在《入侵报警系统技术要求》（GA/T 368－2001）中将入侵报警系统定义为：入侵报警系统是指利用传感技术和电子信息技术探测并指示非法入侵或试图非法入侵设防区域的行为、处理报警信息、发出报警信号的电子系统或网络。

入侵报警系统是将传感技术、电子技术、通信技术、计算机技术以及现代光学技术相结合的综合应用技术的电子系统或网络，主要用于探测非法入侵和防盗领域。在需要防范的区域，可利用各种类型的探测器构成点、线、面、空间的防范区，形成一张安全防范的报警网，一旦有非法入侵或异常发生，即可发出声光报警信号，并显示报警部位。

一、入侵报警系统的组成

入侵报警系统是由前端的入侵探测器（简称探测器）、传输部分和报警控制三部分组成。图 2-1 是最简单的入侵报警系统组成。

图 2-1　入侵报警系统组成框图

（一）探测器部分

1. 探测

探测就是发现被探测对象的特征，或者用适当的方法把探测对象与环境、其他对象的差别表现出来，并把安全的状态作为基准，判断探测结果是否超出了这个基准状态，发现和识别差异。实现探测的原理和方法有很多，归纳起来可分为以下两种方式：

（1）主动探测。通过在防范空间（区域）内建立一个可监测的环境（电磁、气候、状态等），然后探测其特征参数或状态的变化，来实现探测。可以通过设定阈值作开关量的探测，也可以通过参数变化（能量幅度、频率、方向等的变化或变化率）进行分析、判断。

（2）被动探测。监测防范空间（区域）内自然环境的参数变化，探测对象本身发出的带有特征信息的辐射，探测其特征参数或状态的变化，实现探测。

2. 入侵探测器

探测部分的主要设备是入侵探测器，是安装在防范现场用以探测入侵者的入侵和破坏信号，并转换成电信号的装置。探测器的核心部件是传感器，其作用是将危险情况引发的物理量变化转换成电信号，完成转换的核心部件即是传感器。目前的安全防范技术所用的探测器多数是物理传感器，能感知物理量的连续变化，并将其转换成按比例输出电信号的传感器——模拟传感器。所谓数字式传感器，其实就是在模拟传感器的输出端增加一块模——数转换模块，模块的作用是平衡放大、零点跟踪、A/D 变换、线性变换等，并根据控制要求进行运算，得到一个十分准确的数字量。采用数字处理技术，大大提高了传感器的可靠性。

探测器的种类很多，合理的分类方法有助于对其理解和掌握，下面介绍几种常用的分类方法：

（1）按传感器种类分类。安全防范技术设备使用的传感器，是将被测量的物理量（力、位移、速度、加速度、振动、温度、光强等）转换成相应的、易于精确处理的电量输出的一种转换装置。按照此定义，可将探测器分为磁控开关探测器、振动探测器、声探测器、被动红外探测器、主动红外探测器、微波探测器、电场探测器、超声波探测器、电场探测器等。

（2）按探测器的工作方式分类。

第一，主动探测器。主动探测器工作时，探测器中的传感器向防范现场发射某种形式的能量，在接收传感器上形成稳定变化的信号分布，一旦危险情况出现，稳定变化的信号被破坏，形成携有报警信息的探测信号，经处理后产生报警信号。

这种探测器中的传感器通常是发射和接收分置于两个不同壳内，如主动红外探测器，警戒时在发射机和接收机之间形成人眼看不见的红外脉冲束，一旦脉冲束被遮挡（稳定变化的信号被破坏），即输出报警信号；也有发射和接收置于同一机壳内的，如微波多普勒探测器，警戒时形成稳定变化的微波场，一旦有人入侵，稳定变化的信号被破坏，传感器接收这一变化后即输出报警信号。

第二，被动探测器。被动探测器工作时，探测器本身不向防范现场发射能量（不包括电路的辐射能量），而是依靠接收自然界的能量在传感器上形成稳定变化的信号，当危险情况出现时，稳定变化的信号被破坏，形成携有报警信息的探测信号，经处理产生报警信号。例如，被动红外探测器在警戒时，固定目标（墙体、桌椅板凳等）发出的红外线在被动红外探测器的接受传感器上形成稳定变化的热信号，一旦有人入侵，稳定变化的信号被破坏，传感器提取的这一突变信号经探测器处理后，输出报警信号。

（3）按警戒范围分类。按警戒范围，可将探测器分为点控型探测器、线控型探测器、面控型探测器和空间控型探测器。

第一，点控型探测器。点控型探测器是通过开关的闭合或断开触发报警的，多用于门窗、重要物体、重要部位或区域的警戒。点控型探测器有磁控开关、紧急报警装置、微动开关、压力垫开关、水银开关等。目前安防实践中以紧急报警装置（如紧急按钮、脚挑开关等）、磁控开关探测器的应用最为广泛。

第二，线控型探测器。线控型探测器的警戒范围是一条线，只要当这条线的警戒状态被破坏时，探测器就发出报警信号。以主动红外探测器为例，当发射机和接收机之间形成的红外脉冲束被遮挡，探测器即输出报警信号。线控型探测器中常见的还有激光探测器。

第三，面控型探测器。面控型探测器警戒范围是一个面，当这个警戒面上任一点的振动信号传至探测器时，探测器发出报警信号。例如，电动式振动探测器可以用来警戒地面，以探测是否有人走动；也可以用于警戒一堵墙，以防凿墙。只要是在探测范围内的振动信号，均可通过固体介质传至振动探测器，探测器即可发出报警信号。

第四，空间控型探测器。空间控型探测器的警戒范围是一个空间，当这个空间中的任意一处的警戒状态被破坏时，探测器即可发出报警信号。

目前，安全防范系统中所用的空间控型探测器有两类，一类探测范围为整个防范空间，例如声控玻璃破碎探测器、次声波探测器等；另一类的探测范围未充满整个防范空间，例如微波－被动红外双技术探测器，其探测范围可用最远工作距离、水平角、垂直角三个参数描述。

（4）按信号传输方式分类。按信号传输方式，可将探测器分为有线探测器和无线探测器。探测器和报警控制器之间采用有线方式连接的为有线探测器，采用电磁波传输报警信号连接的为无线探测器。

（5）按应用场合分类。按应用场合，探测器可分为室内探测器和室外探测器，常用的室内探测器有微波－被动红外双技术探测器、被动红外探测器、微波多普勒探测器、玻璃破碎探测器等。常用的室外探测器为振动电缆探测器、泄漏电缆探测器等。

（二）传输部分

传输就是把探测器中的探测信号送到控制器去处理、判别，确认有无入侵行为，把控制器发送的控制信号发送到控制器，控制控制器的工作状态。根据信号传输方式的不同，传输方式可分为多线制、总线制、无线制、公共网络等四种模式，这四种模式既可以单独使用，也可以组合使用。

1. 多线制传输模式

这种模式又叫分线制模式，各报警防区通过多芯电缆与报警控制主机之间采用一对一连接的方式。多线制的优点是可根据控制器的输入端口辨别防区地址；部分遭破坏时，其他部分仍能正常工作。其缺点是工程布线和维修麻烦，不利于扩容。

2. 总线制传输模式

各报警防区通过其相应的地址模块及报警总线传输设备与报警控制主机相连。总线制的特点是探测器与报警控制器之间的所有信号均沿公共线（总线）传输，探测器实行统一编码器，在输出探测信号的同时，地址码信号也同时输出。在报警控制器中，探测器根据地址码区分各报警信号，并分别进行处理、判断和报警显示。

3. 无线模式

各报警防区通过其相应的前端无线发射设备、无线中继设备（视传输距离选用）

和后端无线接收设备与报警控制主机相连，其中，前端无线发射设备和探测器、后端无线接收设备和报警控制主机可为分立的设备，也可为一体化设备。采用无线传输方式，探测器布设灵活、方便，施工简单，特别适用于不宜现场布线或现场布线困难的场所。在无线传输中，一种是利用全国无线电管理委员会分配给报警系统的专用频率，另一种是借助现有的无线通信网络。

4. 公共网络传输

各报警防区通过网络传输设备与报警控制主机采用公共网络相连。公共网络可以是有线网络、无线网络，也可以是二者的组合。

5. 混合传输

在实际应用的报警系统中，更多的是几种模式的组合使用，以上模式的任意组合即混合模式。

（三）控制部分

报警控制部分，即报警控制器，接收探测器送出的报警信号，并对此信号做进一步的处理，判断出有无危险情况的出现。当有危险情况出现时，报警控制器的报警装置即可启动，发出声音、光亮等报警信号，并显示报警部位。一个报警系统要分成多个防区，每个防区通过地址码模块将报警信号送至报警控制器。

如果是联网系统，该报警控制器又被称为区域报警控制器，可以向上一级接警中心的集中报警控制器传送警情，集中报警控制器接受各区域报警控制器的报警信号后，可识别出任何一个区域，报警控制器送来的声音和图像信号，并做必要的记录。入侵报警系统的应用非常广泛，在任何需要防范的部位均可利用各种不同类型的探测器构成点、线、面、空间等警戒形式，又可交织在一起形成多层次、全方位的交叉防范体系。一旦有不法分子入侵或是发生其他异常情况，即可发出声光报警信号，并显示报警的部位，如果这种报警只报到本单位的值班室，就称为本地报警或一级报警；若将报警信号传至上一级接警中心的报警设备，则称为二级报警。还可以有三级或四级报警。这便形成了报警网的概念。

二、入侵报警系统的基本功能

《入侵报警系统技术要求》（GA/T 368 - 2001）中，对入侵报警系统的基本功能作了规定，包括：探测、指示、控制、记录、查询、响应和传输。

（一）基本功能

1. 探测

入侵报警系统应对探测区内的入侵行为进行准确、实时的探测，并发出报警信号，例如打开门窗、敲碎玻璃、非法移动、紧急报警装置被触发等情况。

2. 指示

入侵报警系统应能对下列状态和发生的时间给出指示：正常，测试，报警，被拆卸，故障，掉电，欠压，设置警戒（布防）状态，解除警戒（撤防）状态，传输信息失效。

3. 控制

入侵报警系统应能对下列功能进行设置：即时防区和延时防区；全部或部分探测回路设置警戒（布防）或解除警戒（撤防）；向远程中心传输信息或取消信息；向辅助装置发激励信号；系统试验应在系统的正常运转受影响程度最小的情况下进行。

4. 记录和查询

入侵报警系统应能记录和事后查询下列事件，包括显示功能列的所有事件；控制功能列的所有编程设置；操作人员姓名及开、关机时间；警情的处理等。

5. 响应

当一个或多个防区产生报警信息时，入侵报警系统的响应时间应符合下列要求：分线制入侵报警系统的响应时间为 2 秒以内；无线制和总线制入侵报警系统的任一防区的首次报警时间为 3 秒以内；其他防区的后续报警时间为 20 秒以内。

6. 传输

信号的传输可采用有线或无线传输方式；报警传输系统具有自检、巡检功能；入侵报警系统具有与远程中心进行有线或无线通信的接口，并能对通信状态的故障进行监控。

（二）入侵报警系统的基本技术指标

1. 探测范围

此即探测器所防范的区域，又称工作范围。大部分开关探测器（如压力垫）的工作范围可视为一个点；线探测器的工作范围是一条线，例如，主动红外探测器，其工作范围有 50 米、100 米、150 米等；面探测器的工作范围是一个面，例如，某型号的振动探测器的工作范围是半径为 10 米的圆；空间探测器的工作范围是一个立体空间，目前主要有两种形式的空间探测器，一种是工作范围充满整个防范空间的探测器，例如声探测器、次声波探测器等，而另一种是不能充满整个防范空间的探测器，这种探测器的工作范围常用最远工作距离、水平角和垂直角表示，例如，某型号的被动红外探测器的工作范围是最远工作距离 15 米、水平角 102 度、垂直角 42.5 度。

探测器的工作范围与系统的工作范围有时会不一样，因为电压的波动、系统的使用环境以及使用年限都可能对探测器的探测范围产生影响。有些探测器的探测范围是可以适当调节的，例如微波多普勒探测器，使用中应适当调节工作范围，既不能超过防护范围（超出时易误报警），也不能小于防护范围（小于时可能造成漏报警）。

2. 探测灵敏度

探测灵敏度是指探测器对防范现场物理量变化的响应能力，在实际工程中，探测灵敏度的调整非常重要。空间控型探测器的灵敏度（主要指被动红外探测器、微波－被动红外探测器、微波多普勒探测器）一般按下列方法测试和调整：以正常着装的人体为参考目标，双臂交叉在胸前，以 0.3～3 米/秒的速度在探测区内横向（此时灵敏度最高）行走，连续运动 3 米，探测器应报警。线控型探测器的灵敏度可转化成最短遮光时间的测试和调整，例如主动红外探测器，其设计的最短遮光时间多是 40～700 毫秒。在墙上端使用时，一般是将最短遮光时间调至 700 毫秒附近；而当作为电子篱笆警戒时，就应将最短遮光时间调至 40 毫秒，即灵敏度最高状态。需进一步说明的是，由于系统中的灵敏度会受设备使用时间、环境变化等因素的影响，灵敏度会产生变化，应定期测试并调整，使系统保持最佳工作状态。

3. 探测率和漏报率

探测率是指探测区域内因出现危险情况（引起系统报警的因素）而报警的次数与出现危险情况总数的比值，用下列公式表示：

$$探测率 = 出现危险情况报警的次数/出现危险情况总数 \times 100\%$$

漏报率是指探测区域内出现危险情况而未报警的次数与出现危险情况总数的比值，用下列公式表示：

$$漏报率 = 出现危险情况未报警次数/出现危险情况总数 \times 100\%$$

探测率与漏报率的和为 1，说明探测率越高，漏报率越低，反之亦然。

4. 供电与备用电源

防盗报警控制器应能提供直流 12～15 伏工作电压，入侵报警系统应有备用电源，其容量至少应保证系统正常工作 8 小时。

三、入侵报警系统的误报警问题分析

（一）误报警的涵义

系统的误报率是误报警次数与报警总数的比值，由于意外触动手动报警装置、自动报警装置对未设计的报警状态做出响应、部件的错误动作或损坏、操作人员失误等而发出的报警占报警总数的比例，用下列公式表示：

$$误报率 = 误报警次数/总报警次数 \times 100\%$$

系统的误报警往往是由以下四个因素造成：

1. 由于意外触动手动报警装置

此处的手动报警装置不仅是指防范现场的紧急按钮，还应包括系统中的紧急报警装置。

2. 自动报警装置对未设计的报警状态做出响应

未设计的报警状态，即不应产生报警的状态。例如，现在的主动红外入侵探测器的最短遮光时间一般是 40~700 毫秒，如果在使用中将遮光时间调至 100 毫秒（遮光时间小于 100 毫秒为未设计的报警状态），此时有一飞鸟遮挡红外线的时间不足 100 毫秒，系统不应产生报警，否则为误报警。这告诉我们，在设定的报警阈值以内，一旦发生入侵即可报警；在设定报警阈值以外的一切报警均属于误报警。

3. 部件的错误动作或损坏

（1）导致部件错误动作的原因通常有：温度过高或过低、电压不稳、强电磁场干扰等。例如，温度过高或过低都会使电阻的阻值改变，影响设备的正常工作，致使系统误报警。一旦温度恢复，电阻也恢复正常值，误报警消除。这种现象在电子学中称为设备的"漂移性故障"。

（2）导致部件损坏的原因通常有：电流过大、人为损坏、自然损坏等。例如，电流过大会烧毁元器件甚至系统，导致系统误报警，这种损坏只有人为修复后系统才能正常工作。这在电子学中称为"损坏性故障"。

4. 操作人员失误

如果值班人员未能按时解除警戒，现场工作人员的进入，势必导致系统的误报警；又如值班人员未注意程序的改变，输入错误的指令，也会造成系统的误报警。

（二）减少误报警的措施

1. 减少设备故障引起的误报警

首先是提高产品的设计水平，即在进行产品系统设计的同时，进行可靠性设计，如可靠性热设计、电磁兼容设计等。在此基础上提高产品制造的可靠性，如对生产过程的严格质量监督管理等。为了解决漂移性故障，在进行系统设计的同时，必须进行漂移可靠性设计，即在元器件参数和电源电压漂移的情况下，设计出可靠的设备。提高报警设备设计和生产制造的水平，可降低设备损坏性故障和漂移性故障，对减少系统的误报警至关重要。随着设计水平的不断提高，大规模集成电路的推广应用和电子工艺的进步，由报警设备引起的误报警已越来越少。

在安防工程中，必须选择经国家授权机构检验或认证合格的产品，这是减少设备因故障引起误报警的前提，同时对设备进行定期检测和维修，建立维修服务制度。

2. 减少设计、施工不当引起的误报警

减少由于设计不当而引起的误报警，加强技术培训，提高设计人员素质，使其熟悉各种探测器的原理、特点、适用范围和局限性；认真勘查现场，了解各种可能影响设备正常工作的因素，有针对性地选择器材、设计工程。

3. 减少用户使用不当引起的误报警

提高系统操作人员素质，熟练使用系统设备，掌握日常维护知识。

（三）定期检查系统的灵敏度

灵敏度、误报率和漏报率三者互为矛盾体，当灵敏度过高时系统易误报警；灵敏度过低时系统易产生漏报警。因此，定期检查系统的灵敏度是十分必要的。《入侵报警系统技术要求》（GA/T 368 - 2001）明确要求：系统误报率应控制在可接受的限度内，不允许有漏报率。所以系统应在保证漏报率为零的前提下，相应降低探测器的灵敏度，从而降低误报率。

（四）系统中心设备使用时的注意要点

监控中心的温度宜控制在 16 ~ 30℃；所有设备应散热良好；严禁在系统设备旁存放易燃、易爆物品及杂物；在开机状态下不要移动机柜、操作台等，否则会损坏设备并丢失资料；注意观察设备是否有异常发热、气味、噪声等，发现问题应及时处理；时常检查系统地线，如有松动、生锈等应及时处理；不允许将磁性物体靠近系统设备，以防设备被磁化；定期对电源进行维护，如发电机作为备用电源，应定期启动发电机，以保证其在紧急状态下能工作。

项目二 入侵报警探测器

入侵报警探测器是安全防范报警系统的输入部分，是对入侵或企图入侵作出反应的装置。通常由传感器、信号处理器和输出接口组成，简单探测器也可以没有信号处理器和输出接口。

传感器是一种针对物理量变化的探测转换装置，通过对入侵者入侵时产生的声响、振动、遮挡光路、破坏原有温度场等物理现象进行探测，传感器利用某些材料将这些物理现象变化的敏感性转变为相应的电信号，并触发报警信号。

一、开关探测器

开关探测器是一种结构比较简单、使用也比较方便、经济实惠的探测器，是通过各种类型开关的闭合或断开来控制电路的通、断，从而触发报警。

常用的开关探测器有磁控开关、微动开关、紧急报警开关、压力垫开关，还有金属丝、金属条、金属箔等来代用的多种类型开关。开关探测器启动报警控制器发出报警信号的方式有两种：开路报警方式和短路报警方式。开关探测器通常属于点控制型探测器，如图2－2所示。

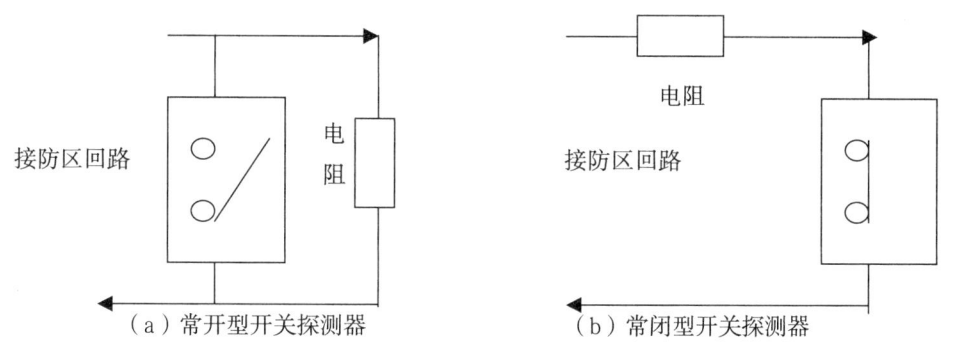

（a）常开型开关探测器　　　　　（b）常闭型开关探测器

图2－2　常开型开关探测器和常闭型开关探测器示意图

（一）磁控开关（又称磁控管开关或磁簧开关）

1. 磁控开关的组成及基本工作原理

磁控开关由永久磁块及干簧管（又称磁控管或磁簧开关）两部分组成，如图2－3所示。

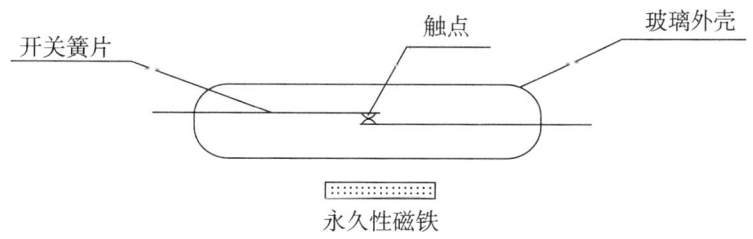

图2－3　磁控开关探测器结构示意图

干簧管是一个内部充有惰性气体（如氮气）的玻璃管，管内装有两个金属簧片，形成两个触点。当永久磁铁相对于干簧管移开一定距离时，开关状态发生改变，控制电路发出报警信号。

2. 使用磁控开关时，应注意的主要性能指标

（1）永久磁块与干簧管之间的缝距（毫米），从几毫米到几十毫米不等。

（2）开关形式常用的有开路型和闭路型。

（3）安装方式，分为表面安装式和隐藏安装式。

3. 磁控开关的主要特点及安装使用要点

（1）一个好的磁控开关，其干簧管的金属簧片要有较好的弹性且易于吸合，同时磁铁的磁性必须要有足够的强度和寿命，以使磁控开关易于安装且减少误报。

（2）要定期检查永久磁铁的磁性是否减弱，否则会导致误报。

（3）一般普通的磁控开关不宜在钢、铁物体上直接安装，这样会使磁性削弱，缩短磁铁的使用寿命。

（4）磁控开关有明装式和暗装式两种，可根据防范部位的特点和防范要求加以选择。

（5）磁控开关触点有较高的可靠性和寿命，一般可靠通断的次数可达 10^8 次。

（6）磁控开关由于体积小、耗电少、使用方便、价格便宜，而且其动作灵敏，抗腐蚀性能强，比其他机械触点的开关寿命长，因而得到广泛的应用。

（二）微动开关

微动开关是一个整体部件，需要靠外部的作用力通过传动部件带动，将开关内部簧片的接点接通或断开，如图 2 - 4 所示。

图 2 - 4　微动开关探测器外形图

图 2 - 5 为三个接点的揿键开关，A、B 为常闭接触，A、C 为常开，若状态被改变，探测器即触发报警信号。

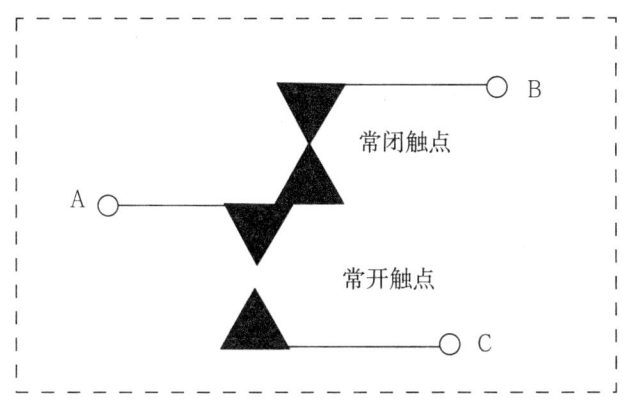

图2-5　微动开关探测器结构示意图

我们可以将微动开关装在门框或窗框的合页处，当门窗被打开时，开关接点断开，通过电路启动报警装置发出报警信号。也可以将微动开关放在需要被保护的物体下面，平时靠物体本身的重量使开关触点闭合，当有人拿走该物体时，开关触点断开，从而发出报警信号。

微动开关的优点是结构简单、安装方便、价格便宜、防震性能好、触点可承受较大的电流，而且可以安装在金属物体上；缺点是抗腐蚀性及动作灵敏度不如前述的磁控开关。

（三）用金属丝、金属条等导电体的断裂来代替开关

如用0.1毫米的漆包线缠绕在要保护的物体上，将其拴在木材的外围和窗户的铁栅栏管内等处，当有人盗取木材或撬开铁栅栏时，漆包线被拉断，相当于不导电，开关的状态被改变，发出报警信号。也可以将漆包线贴在玻璃上，玻璃破碎时，即可发出报警信号，如图2-6所示。这种开关具有布设方便、简单易行、成本低、可靠性高等优点，但隐蔽性较差，只能一次性使用，且使用时应周密考虑和设计。

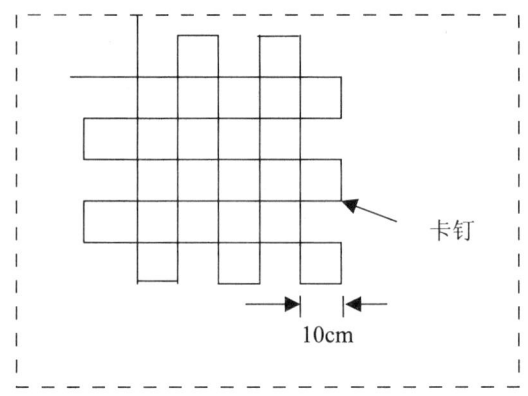

图2-6 用金属丝、金属条等导电体的通裂代替开关探测器示意图

（四）压力垫开关

这种开关由两个平行的金属带和中间夹有特定空缺形状的绝缘体薄层组成，如图2-7所示。两个金属带相当于一个开关的两个接点，在没有压力时两个金属带由有特定空缺形状的绝缘体薄层断开。这种压力垫通常放在门窗、楼梯和保险柜周围的地毯下面，当入侵者踏上地毯时，外力使两条金属带导通，系统即发出报警信息。压力垫开关因结构简单、稳定可靠、抗干扰性强、易于安装维修、价格低廉而得到广泛应用。

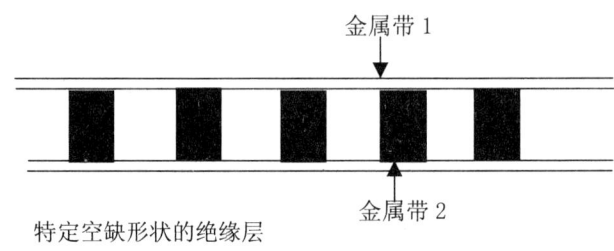

图2-7 压力垫开关探测器结构示意图

（五）紧急报警开关

当在银行、家庭、机关、工矿企业等场合发生入室抢劫、盗窃等险情或其他异常情况时，往往需要人工操作来实现紧急报警，如可采用紧急报警按钮开关和脚挑式或脚踏式开关。

紧急报警开关安装在隐蔽之处，需要由人按下其按钮，使开关接通（或断开）来实现报警。此种开关安全可靠，不易被误操作，也不会因振动等因素而误报警。要解除报警必须要由人工复位。利用紧急报警开关发出报警信号，可根据需要采用有线或无线的发送方式。

图 2-8　紧急按钮开关探测器实物图

二、主动红外探测器

（一）主动红外探测器的组成与工作原理

主动红外探测器是一种由主动红外发射机和主动红外接收机组成，当发射机与接收机之间的红外光束被完全遮断或按给定的百分比被遮断时能产生报警信号的探测装置。其原理结构，如图 2-9 所示。

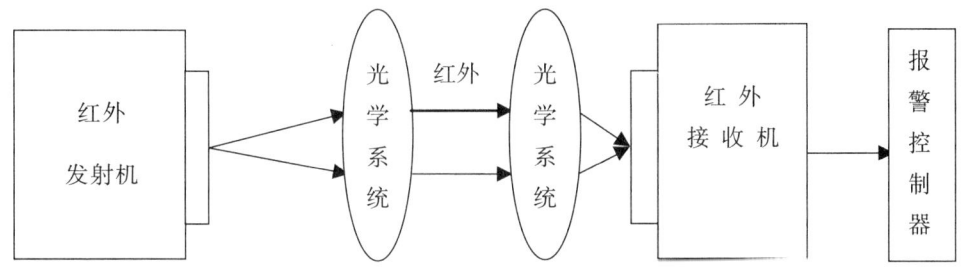

图 2-9　主动红外探测器原理结构图

主动红外探测器是一种红外线光束遮挡型报警器，发射机中的红外发光二极管在电源的激发下，发出一束经过调制的红外光束（此光束的波长在 0.8～0.95 微米之间），该光束经过光学系统的作用变成平行光被发射出去。此光束被接收机接收，由接收机中的红外光电传感器把光信号转换成电信号，经过电路处理后传给报警控制器。由发射机发射出的红外线经过防范区到达接收机，构成了一条警戒线。在正常情况下，接收机收到的是一个稳定的光信号，当有人入侵该警戒线时，红外光束被遮挡，接收机收到的红外信号发生变化，经放大和适当处理，使控制器发出报警信号。

（二）主动红外探测器的防范布局方式

主动红外探测器可根据防范要求、防范区域的大小和形状的不同，分为警戒线、警戒网、多层警戒等不同的防范布局方式。根据红外发射机及红外接收机设置的位置不同，主动红外探测器又可分为对向型安装方式探测器及反射型安装方式探测器两种。

1. 对向型安装方式

红外发射机与红外接收机对向设置。一对收、发机之间可形成一道红外警戒线，为防止入侵者跳跃或从警戒线下爬入而发生漏报，可采用多组红外发射机与红外接收机对向放置的方式。这样可以用多道红外光束形成红外警戒网（或称光墙）。在多光束的情况下，为减少误报可以设定当两条红外光束同时被遮断时，报警器才能发出报警信号，如图 2-10、图 2-11 所示。

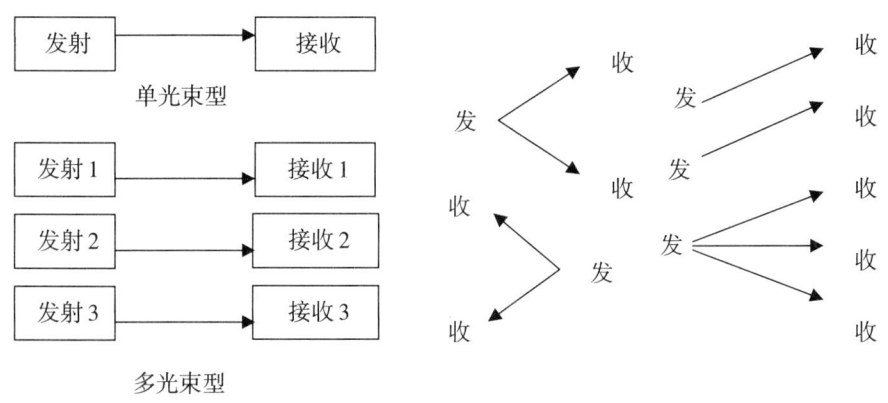

图 2-10　主动红外探测器结构图　　图 2-11　主动红外探测器多光束组合的警戒网

根据警戒区域的不同形状，只要将多组红外发射机和红外接收机合理配置，就可以构成不同形状的红外线周界封锁线。当需要警戒的直线距离较长时，也可采用几组收、发设备接力的形式，如图 2-12 所示。

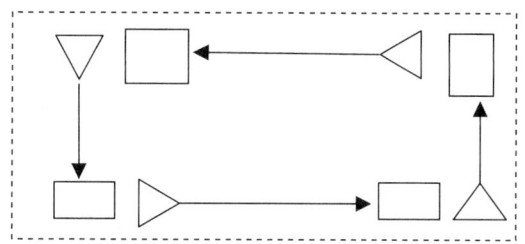

图 2-12　主动红外探测器四组红外收、发机构成的周界警戒线

目前使用较多的双光束主动红外探测器的防范布局方式，在多组红外发射机与接收机一起使用时，应注意消除射束的交叉误报。

2. 反射型安装方式

这种方式的工作原理，红外接收机并不是直接接收发射机发出的红外光束，而是接收由反射镜或适当的反射物（如石灰墙、门板表面光滑的油漆层等）发射回的红外光束。只要当反射面的位置和方向发生变化或红外入射光束和反射光束之一被阻挡而使接收机接受不到红外反射光束时，探测器都会发出报警信号，如图 2-13 和图 2-14 所示。

采用这种方式，一方面可缩短红外接收机与发射机之间的直线距离，便于就近安装、管理；另一方面也可通过反射镜的多次反射，将红外光束的警戒线扩展成红外警戒面或警戒网。

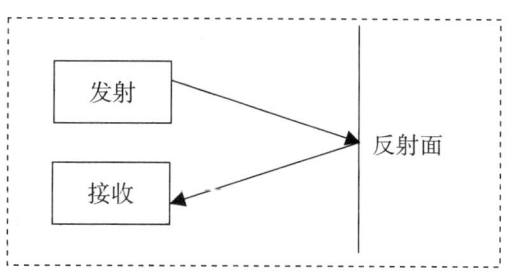

图 2-13　主动红外探测器反射型安装方式

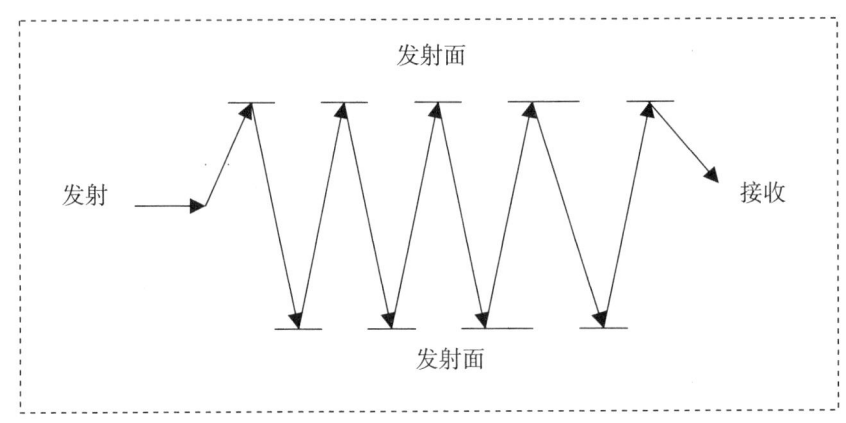

图2-14　主动红外探测器反射型安装方式

　　要注意的是，采用反射型安装方式的累计探测距离将小于采用对向型安装方式时的直线探测距离，实际安装时要留有余地。

（三）主动红外探测器的应用

1. 设备选择

（1）根据防范现场的最低、最高温度和其持续时间，选择与工作温度适合的主动红外探测器；若环境的温度过低可使用专用加热器，以保证探测器的正常工作。

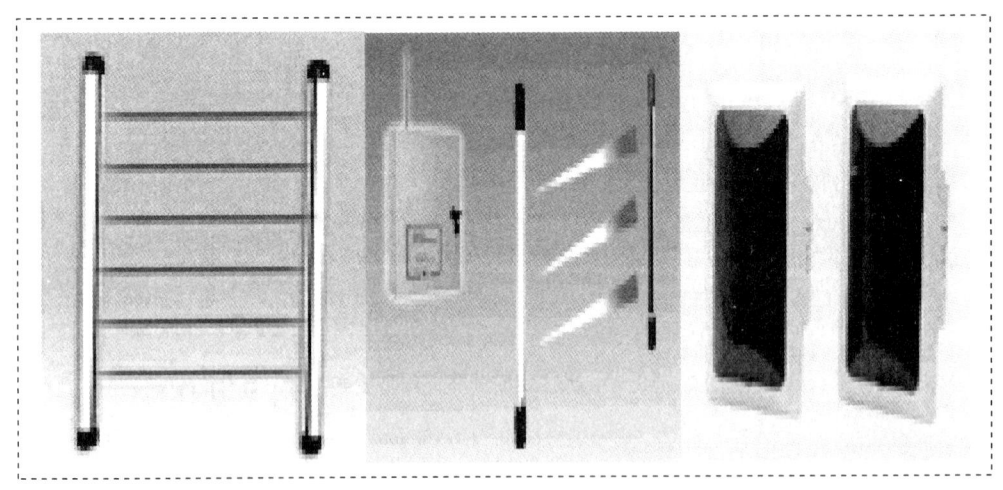

图2-15　主动红外探测器实物图

　　（2）主动红外探测器易受雨雾等气候因素的影响，所选设备的探测距离较实际警戒距离宜留20%以上的余量，以减少恶劣气候引起系统误报警的次数。

（3）在室外围墙上使用时要选用双光束线或多光束线主动红外探测器，以减少小鸟、落叶等引起系统误报警的次数。

（4）在多雾地区、环境脏乱或风沙较大地区的室外，不宜使用主动红外入侵探测器。

2. 安装使用注意事项

（1）发射机与接收机之间的红外光束要对准（以测试指示灯正常发光为准），否则较强烈的振动或是较大风速都能引起系统的误报警。

（2）在围墙上方或是围墙内侧安装时，最好让上光束（仅指双光束探测器）距墙25～30厘米，以防喜鹊、乌鸦等较大型鸟落在墙上引起的误报警。

（3）多组探测器同时使用时，宜将频率调至不同，以避免由于频率相同引起干扰而导致系统的误报警。

（4）警戒光束附近不能有可能遮挡物，如树的枝叶等，否则风刮树摇时遮挡光束会引起系统的误报警。

（5）要保持主动红外探测器光学面的清洁，特别是在污雨或沙尘天气之后，应擦拭探测器。

三、激光探测器

激光探测器在原理上与主动红外探测器相同，结构基本一样，是线控型探测器，所不同的是用半导体激光器取代了主动红外探测器中的红外发光二极管。

由于激光具有方向性好、单色性好、亮度高等突出优点，使得激光探测器在激光探测距离、激光器稳定性等方面均超过主动红外探测器。

图 2－16　激光探测器实物图

四、被动红外探测器

（一）物体的红外辐射特性

"黑体辐射"物理学原理：只要物体的温度高于绝对零度，就会向四周辐射光线。人体在正常体温下，能够发射出远红外线，辐射的光线波长与物体的温度相关，辐射的能力因人、人体部位的不同而不同。物体表面的温度越高，其辐射的红外线的波长越短。也就是说，物体表面的绝对温度决定了其红外线辐射的峰值波长。物体辐射的红外线能量的大小取决于物体的绝对温度。此外，物体辐射的红外线能量还与物体的颜色和表面的光洁度有关，在同一温度下，物体的表面越清洁、越光滑，辐射的红外线能量就越少。

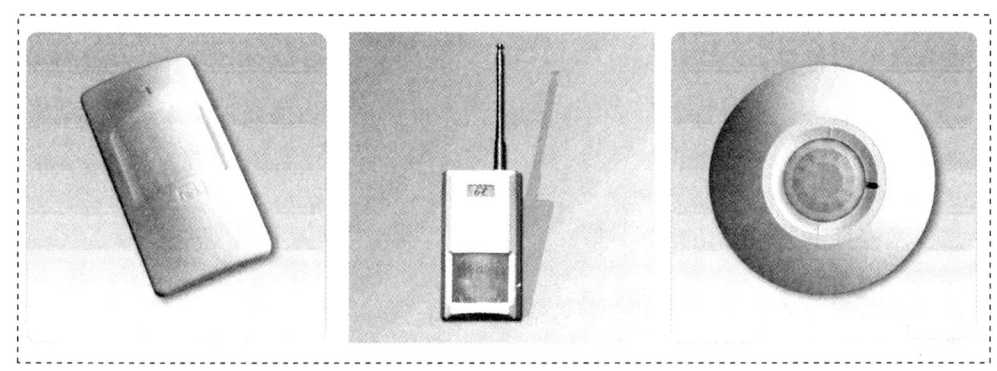

图 2-17 被动红外探测器实物图

（二）被动红外探测器的组成及基本工作原理

1. 被动红外探测器的组成

被动红外探测器主要是由光学系统、热传感器（或称红外传感器）及报警控制器等部分组成，如图 2-18 所示。

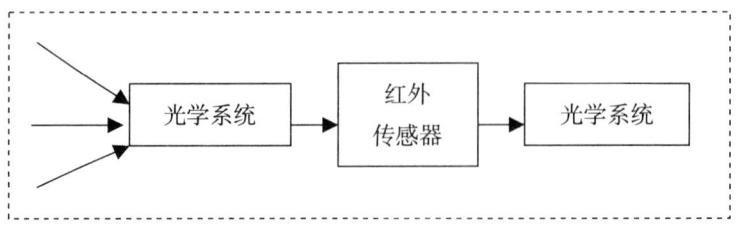

图 2-18 被动红外探测器的基本组成

2. 被动红探测器的工作原理

被动红外探测器的红外探测的基本原理就是感应移动物体与背景物体的温度的差异。核心部件是红外探测器件（红外传感器），它通过光学系统的配合作用，可以探测到某一个立体防范空间内的热辐射的变化。当防范区域内没有移动的人体目标时，由于所有的背景物体（如墙、家具等）在室温条件下红外辐射的能量比较小，而且基本上是稳定的，不会触发报警。当有人体在探测区域内走动时，就会造成红外辐射能量的变化。红外传感器将接收到的活动人体与背景物体之间的红外热辐射能量的变化转为相应的电信号，经适当的处理后，送往报警控制器，发出报警信号。红外传感器的探测波长范围是 8～14 微米，由于人体的红外辐射波长正好在此探测波长范围之内，因而能较好地探测到活动的人体，红外传感器前的光学系统可以将来自多个方向的红外辐射能量经反射镜反射或特殊的透镜透射后全都集中在红外传感器上。这样一方面可以提高红外传感器的热电转换效率，另一方面还起到了加长探测距离、扩大警戒视场的作用。

（三）被动红外探测器的选择

（1）无论是室内使用的被动红外探测器，还是室外使用的被动红外探测器，当防范现场的温度或探测器附近的温度接近人体温度时，探测器的灵敏度都会急剧下降，可能导致系统漏报警。解决这问题的办法首先是选择具有自动温度补偿功能（当防范现场的温度接近人体温度时，探测器的灵敏度会自动升高）的探测器，或安装其他探测器进行共同警戒。

（2）根据防范区域的大小合理选择被动红外探测器的工作范围（探测器的工作范围如前述），原则是工作范围略大于防范区域；被动红外探测器还有室内和室外之分，室外型被动红外探测器可以用于室内，而室内型被动红外探测器不能用于室外；可根据警戒部位的不同，选用吸顶式、壁挂式、幕帘式、楼道式等被动红外探测器。

（3）电磁波的干扰（主要指频率高于 100 兆赫兹的电磁波）引起系统的误报警一直是个比较难以解决的问题，如遇恶劣电磁环境，现场勘察时应测量现场的电磁场强度，选择适宜的探测器。现在市场上出售的被动红外探测器抗电磁场干扰从每米几伏到每米几十伏，具有极大的选择余地。另外，安装位置也很重要，要将探测器安装在电磁场弱的地方，以此减少电磁干扰引起的误报警次数。

（4）为了防止犯罪嫌疑人遮挡探测器，设计者可选用防遮挡型的被动红外探测器。这种探测器具有两个主动红外通道，无论是何种遮挡物，只要在探测器前 1 米以内移动时，这种探测器即刻报警，因而适于高风险部位的警戒。采用探测器之间交叉保护的安装方式，也可达到防遮挡目的。

（四）被动红外探测器安装使用的注意事项

（1）由于红外线的穿透性能较差，在监控区域不应有障碍物，否则会造成探测盲区。

（2）为了防止误报警，不应将被动红外探测器的探头对准任何温度会快速改变的物体，特别是发热体。

（3）根据被动红外探测器的工作原理，在选择安装位置时，应使探测器具有最大的警戒范围，使可能的入侵者都能处于红外警戒的光束范围之内，并使入侵者的活动尽可能横向穿越光束带区，这样可以提高探测的灵敏度。

（4）被动红外探测器的产品多数都是壁挂式的，需要安装在距地面2～3米的墙壁上。目前已经生产出可以安装在天花板上的吸顶式被动红外探测器，放置在重点防护部位的正上方，高度和防护面积成正比（壁挂式被动红外探测器的安装位置通常与可能入侵方向和防护对象成90度）。

（5）由于是以被动方式工作的，因此当需要在同一室内安装几个被动探测器时，不会产生相互的干扰。

五、微波探测器

微波探测器是利用微波的基本理论和特点制成的探测器。

微波是一种波长很短的电磁波，其波长仅有几毫米到几厘米，频率是从300赫兹到300兆赫兹，波长是中、短波波长的万分之一左右；微波直线传播，很容易被反射；微波对一些非金属材料（如木材、玻璃、墙、塑料等）有一定的穿透能力，而金属物体对微波有良好的反射特性；微波波段宽，可利用的频率高；微波设备比较小，无线电设备的天线尺寸只有与电磁波的波长相符合时，才有较好的方向性，由于微波的波长很短，因此就可以用尺寸较小的天线，把电磁波集成一束，像探照灯的光束一样定向传送，所以微波设备比长波、中波、短波等设备要小；微波辐射受气候条件、环境变化的影响较小。

根据探测器工作原理的不同，微波探测器有墙式微波探测器和雷达式微波探测器。

（一）墙式微波探测器

1. 墙式微波探测器的组成及工作原理

墙式微波探测器是一种将微波收、发设备分置，利用场干扰原理或波束阻断式原理的探测器。

　　微波发射机内有一个微波振荡源，通常采用脉冲调制方式，利用微波指向性天线发射出定向性很好的调制微波束。微波接收天线与微波发射天线相对放置，由天线接收的微波信号通过放大、检波等信号处理之后送往报警控制电路。当接收与发射天线之间无阻挡物时，检波出的信号有一定的强度；当接收与发射天线之间有阻挡物或探测目标时，由于破坏了微波的正常传播，使探测器接收到的微波强度有所减弱，检波之后的信号强度也随之减弱。这样，就可以利用接收机所接到的微波信号的强弱来判断接收机和发射机之间是否有入侵者，并以此来触发报警。在微波发射机与微波接收机之间存在的微波电磁场组成了一道看不见的警戒线，警戒线可长达几百米、高 3～4 米、厚 0.5～2.5 米，酷似一堵又长又厚又高的围墙，因而被称为微波墙或微波栅栏，如图 2-19 所示。

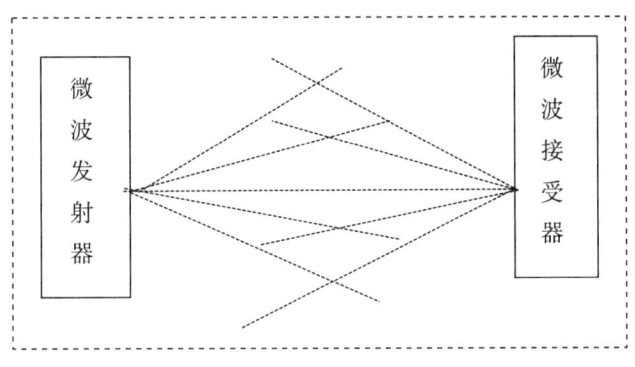

图 2-19　微波墙式探测器原理图

　　由于在微波发射机与接收机之间形成一道无形的、又长又高又厚的"墙"，这是很好的周界防范报警设备，适用于露天仓库、施工工地、监狱、博物馆等场所周界的防范，也可用于展览馆、室内狭长走廊等场所的警戒。墙式微波探测器不容易受到环境因素如气候、热源、噪声、空气流动等因素的影响，是较理想的室外周界探测器。

图 2-20　微波墙式探测器实物图

2. 微波墙式探测器的安装使用要点

（1）微波墙式探测器是靠发射机与接收机之间的微波场变化实现报警的，与入侵者的速度无关，无论是行走、跑步、爬行，只要进入了微波场存在区域，探测器都能报警。

（2）由于微波对非金属物质具有穿透性好的特点，可将探测器隐蔽使用。

（3）工作可靠性较好，只要安装得当，误报率、漏报率均较低，受雾、雪、风雨等气候的变化影响很小，也不受热源、噪声及空气流动的影响。它克服了红外、超声、光电等报警设备在室外工作时误报率高的缺点，可以全天候、全天时进行工作。

（4）因为采用单方向射束的微波墙，在靠近发射机的一端有一定范围的死角，适宜采用两个相对方向发射的微波射束组成一个警戒墙；当防护区的外围界线平直度较差、曲折过多或地面高低起伏不平时，会出现盲区，有一定的漏报可能。

（5）在微波场区不能有可能运动的物体，如灌木、杂草等，以免引起系统的误报警。

（二）雷达式微波探测器

1. 多普勒效应

在日常生活中，人们经常会遇到这样一种现象：当火车向我们驶来时，汽笛声变得刺耳，这是因为声音的音调升高（即频率变高）的缘故；而当火车向远离我们的方向开走时，汽笛声的音调降低（即频率变低）。这就是声音的多普勒效应。

多普勒效应是指当发射源（声源或电磁波源）与接收者之间有相对径向运动时，接收到的信号频率将发生变化。震荡源发射出频率为 f_0 的电磁波，并以恒速 C（光速）的速度向前传播。如果接收者相对于震荡源是不动的，则由他反射回的信号频率与震荡源发出的信号频率相同。如果接收者有接近震荡源的相对径向运动时，则由接收者反射的信号频率高于震荡源的震荡信号频率。反之，当接收者有远离震荡源的相对径向运动时，由接收者反射的信号频率将低于震荡源的震荡信号频率。在上述情况下，反射波与发射波之间的频率差就被称为多普勒频率或多普勒频移，接收机可以根据反射信号与发射信号之间存在的多普勒效应，用来发现移动目标，并能测定其径向速度。

2. 雷达式微波探测器的工作原理

雷达式微波探测器实际上可以被看作是一个发射连续波的小型多普勒雷达，如图2-21所示。

其基本工作原理是微波振荡源通过天线发射一个频率为 f_0 连续的微波信号，当遇到静止目标时，反射回来的信号频率仍为 f_0；当遇到移动的人体等活动目标时，由于多普勒效应，由活动目标反射回的信号频率为 $f_0 \pm f_d$。

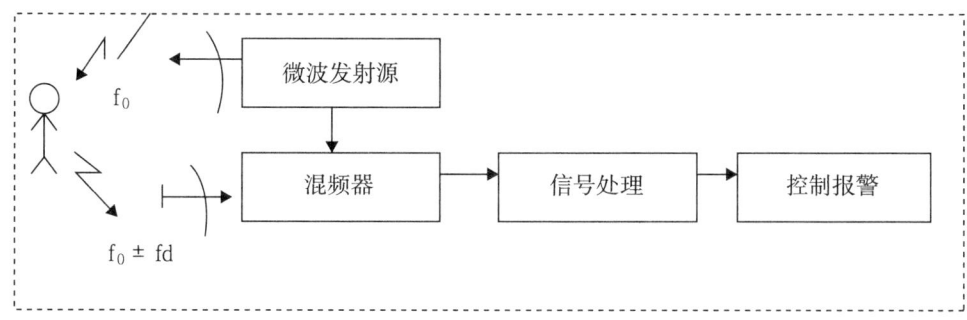

图 2-21 雷达式微波探测器的基本工作原理图

3. 雷达式微波探测器的使用要点

（1）雷达式微波探测器对警戒区域活动目标的探测是有一定范围的，其警戒范围为一个立体防范空间，其控制范围比较大，可以覆盖 60 度 ~ 95 度的水平辐射角，控制面积可达几十到几百平方米，微波探测器的发射能量与所采用的天线有关。采用全向天线可以产生近乎圆球形或椭圆形的发射能量，这种探测器适合保护面积大的房间和仓库等处，而采用定向天线则可产生宽梯形或又长又窄的泪滴形，适合于保护狭长的地点，如走廊和通道等处。

（2）微波对非金属物质（玻璃、墙壁）具有穿透性，雷达式微波探测器在安装时，一定要调节适当的灵敏度，以免在防范区域以外的运动物体引发误报警。

（3）雷达式微波探测器的探头不应对准可能会活动的物体，如门帘、窗帘、电风扇、排气扇或门、窗等可能会振动的部位。

（4）在监控区内不应有过大、过厚的物体，特别是金属物体，否则在这些物体的后面会产生探测的盲区。

（5）雷达式微波探测器不应该对着大型金属物体或具有金属镀层的物体，否则这些物体可能会将微波辐射能反射到墙外或外窗的人行道或马路上。

（6）雷达式微波探测器不应对准日光灯、水银灯等气体放电灯光源，在闪烁灯内的电离气体，易被微波探测器识别为运动物体而造成误报警。

（7）当在同一室内需要安装两台以上的雷达式微波探测器时，它们之间的微波发射频率应当有所差异（一般相差 25 兆赫兹左右），且不要相对放置，以防交叉干扰，产生误报警。

（8）雷达式微波探测器会发出对人体有害的微量能量，必须将能量控制在对人体无害的水平，同时该报警装置会受到空中交通和国防部门所用的高能量雷达的干扰。

六、超声波探测器

声波是一种机械振动波，其频率范围很宽，除包括频率 20 ~ 20000 赫兹范围内能引起人耳听觉的可闻波外，还包括频率高于 20000 赫兹的超声波和频率低于 20 赫兹的次声波。将人耳听不到的超声波段的机械振动波作为探测源的探测器就称为超声波探测器，是一种空间型探测器。

超声波探测器根据其结构和安装方法的不同可分为两种类型。一种是将超声波换能器安装在同一壳体内，即收发合置型，其工作原理基于声波的多普勒效应，通常又被称为多普勒效应型超声波探测器。另一种是将两个超声波换能器分别放置在不同的位置，即收、发分置型，工作原理不同于一般的多普勒效应，通常被称为声场型超声波探测器。

（一）多普勒型超声波探测器

超声波探测器主要是由发射机、接收机和信号处理电路几部分组成，声波与微波的多普勒效应的原理完全相同。超声波收、发机通常装在天花板或墙壁上，其发射的超声波能场的分布是有一定的方向性的，一般是面向防范区呈椭圆形的能场分布，控制面积可达几十平方米。为了减少探测盲区，在较大的防范区可安装多个超声波收、发机，并使各个收、发机的能场互相重叠以减少盲区。多普勒超声波探测器的探测灵敏度与移动人体的运动方向有关，即当入侵者向着或背着超声波收、发机的方向行走时，超声波产生较大的多普勒频移，探测灵敏度也就较高。

图 2 - 22　多普勒超声波探测器实物图

（二）声场型超声波探测器

声场型超声波探测器的收、发机分开放置，声场型超声波探测器由于不是以多普勒效应为原理的，故其探测灵敏度与移动人体的运动方向无关。

（三）超声波探测器的主要特点及安装要点

（1）超声波探测器属于空间控制型探测器，只能用于室内，一般只要安装恰当，可以实现警戒区内不存在死角，且成本比较低。

（2）安全场所的密闭性应较好，也就是说，要避开通风的设备及气体的流动，在门窗密闭性不太好的场所，不建议采用。

（3）房间的隔音性能要好，能够避免室外的超声波噪声所引起的误报警，故超声波探测器较适用于密闭性和隔音性好的房间（如仓库、档案室、珍宝陈列室、枪支弹药库等）。

（4）由于超声波对于物体没有穿透性能，因此要避免室内体积较大的家具挡住超声波而形成探测盲区。

（5）安装多普勒型超声波探测器时，要注意使发射角对准入侵者最有可能进入的场所，这样可以提高探测的灵敏度。

（6）由于超声波是以空气作为传输介质，空气的温度和相对湿度会影响超声波探测器的探测灵敏度。因此，超声波探测器在使用中对环境的要求比较苛刻，其灵敏度受气候的影响较大，易出现误报，使其在实践应用中受到一定限制。

七、声探测器

当被探测目标入侵防范区域时，总会发出一定的声响，如说话、走动、撬锁等，能响应这些声音，并进入报警状态的装置，叫声探测器。因声探测器常用于报警复核，又称声音复核装置或监听头。

（一）声探测器的工作原理

声探测器由声电传感器、前置音频放大器两部分组成，其中声电传感器多用驻极体话筒。驻极体话筒将声音信号转变成相应的电信号后，经前置音频放大器和信道传至报警控制器。若将报警控制面板开关拨至"监听"位置，即可听到现场声音，可直接听到走动、说话等声音，保安人员可根据声音（连续走动声、撬锁声等）做出判断和处理，目前多用作报警复核。声报警器原理框图，如图2-23所示。

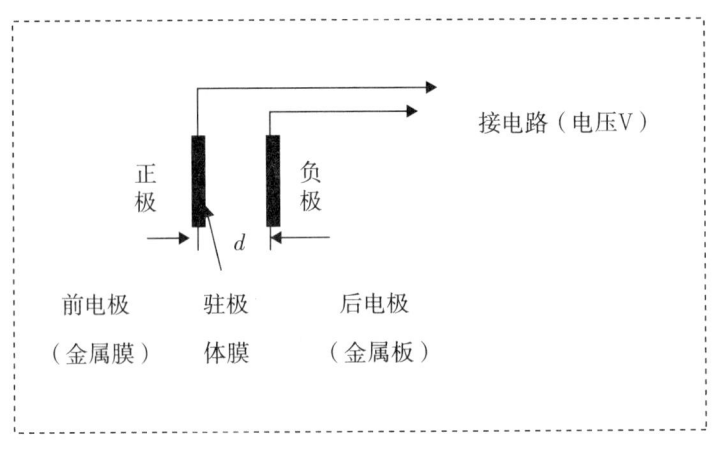

图2-23　声控探测器原理图

（二）声探测器的安装使用要点

（1）声探测器一般不能抵御音频范围内的干扰，雷声、风声、室外杂乱声、公路上的噪声等都可能进入探测器，从而引起误报警。

（2）安装声探测器（监听头）时，要尽量靠近被保护的目标，同时注意声学环境的变化对监听的影响，例如，地毯、厚窗帘等对声音的吸收很大，若防范区域发生此变化时，应调节声探测器的灵敏度，以达到最佳的监听效果。

八、玻璃破碎探测器

玻璃破碎探测器是专门用来探测玻璃破碎功能的一种探测器，当入侵者试图打破玻璃时，即可发出报警信号。根据工作原理的不同，玻璃破碎探测器可以分为两大类，声控型单技术玻璃破碎探测器和双技术玻璃破碎探测器，双技术玻璃破碎探测器也可分为两种，声控型与振动型组合在一起的双技术玻璃破碎探测器和同时探测次生波及玻璃破碎高频的双技术玻璃破碎探测器。

（一）声控型单技术玻璃破碎探测器的基本工作原理

声控型单技术玻璃破碎探测器与声控探测器的工作原理很相似，其组成如图2-24所示。

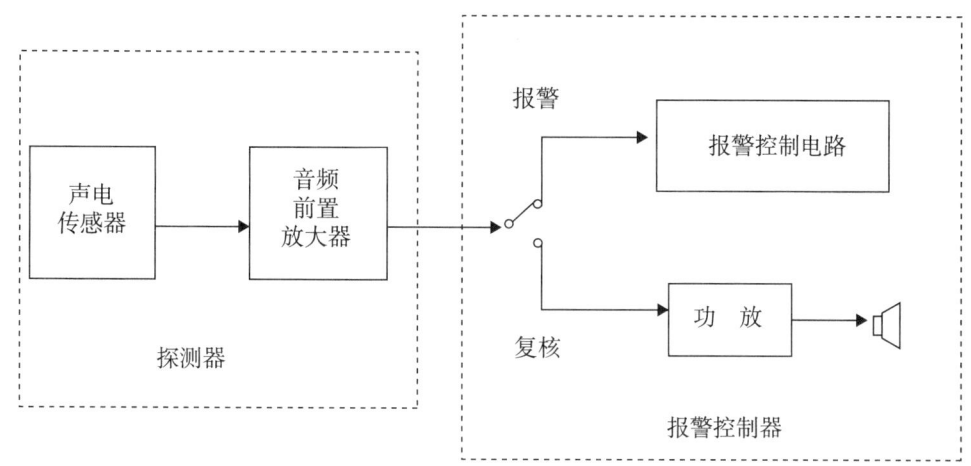

图 2 -24　玻璃破碎探测器组成图

在玻璃破碎时发出的响声而刺耳的声音中，频率处于大约在 10 ~ 15 千赫兹的高频波段范围，而周围环境的噪声一般较少能达到这种高频。因此，将带通放大器的带宽选在 10 ~ 15 千赫兹的范围内，就可将玻璃破碎时产生的高频声音信号发出，从而触发报警，且对人走路的声音、说话声、雷雨声等具有较强的抑制作用，从而降低误报率。

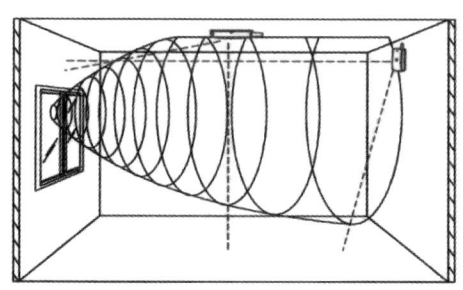

图 2 -25　玻璃破碎探测器工作原理图

与声控探测器相类似，在玻璃破碎探测器的控制部分也可设置监听装置。只要将报警/监听开关置于"报警"位置，便可进入警戒守候报警工作状态；当开关置于"监听"位置时，也能听到警戒现场的高频声音。

（二）双技术玻璃破碎探测器

双技术玻璃破碎探测器也可分为两种，声控型与振动型组合在一起的双技术玻璃破碎探测器和同时探测次生波及玻璃破碎高频的双技术玻璃破碎探测器。

1. 声控－振动型双技术玻璃破碎探测器

声控－振动型双技术玻璃破碎探测器将声控探测器与振动探测两种技术结合在一起，只有同时探测到玻璃破碎时发出的高频声音信号和敲击玻璃引起的振动时，才能发出报警信号。因此，与前述的声控型单技术玻璃破碎探测器相比，可以有效降低误报率，增加探测系统的可靠性，不会因周围环境中的其他声响而发生误报警，因而可以全天时地进行防范。

2. 次声波－高频双技术玻璃破碎探测器

这种双技术玻璃破碎探测器相比前一种声控－振动型双技术玻璃破碎探测器的性能又有了进一步的提高，是目前较好的一种玻璃破碎探测器。

次声波是频率低于 20 赫兹的声波，属于不可闻声波。经过实验分析表明：当敲击门、窗等处的玻璃（玻璃还未破碎）时，会产生一个超低频的弹性振动波，这时的机械振动就属于次声波的范围，而当玻璃破碎时，才会发出高频的声音。当入侵者试图进室作案时，必定要选择在这个房间的某个位置打开一个通道，如打破玻璃，或在墙壁、天窗顶棚、门板上钻眼、凿洞打开缺口，或强行打开门窗等。由于前述的因室内外环境不同所造成的气压、气流差，致使在打开的缺口或通道处的空气受到扰动，造成一定的流动性。此外，在门、窗强行被推开时，因具有一定的加速运动，造成空气受到挤压也会进一步加深这一扰动。上述这两种因素都会产生超低频的机械振动波，即为次声波，其频率甚至可低于 10 赫兹。次声波会通过室内的空气介质向房间各处传播，并通过室内的各种物体进行反射。由此可见，当入侵者在打破玻璃强行入室作案的瞬间，不仅会产生玻璃破碎时的可闻声波，还会由于相关物体（如窗框、墙框等）的振动产生次声波，并在短时间充满室内空间。

次声波－高频双技术玻璃破碎探测器，是将次声波探测技术与玻璃破碎高频探测技术，两种不同频率范围的探测技术组合在一起，只有同时探测到敲击玻璃和玻璃破碎时发出的高频声音信号和引起的次声波信号时，才可触发报警。这实际上是将弹性波检测技术与音频识别技术两种技术融为一体来探测玻璃的破碎。一般设计成当探测器探测到超低频的次声波后才开始进行音频识别，如果在一个特定的时间内也探测到玻璃的破碎声，则探测器发出报警信号。由于采用两种技术对玻璃破碎进行探测，可以大大地减少误报。与前一种双技术玻璃破碎探测器相比，此种技术尤其可以避免由于外界干扰因素如窗、墙壁等振动所引起的误报。

（三）玻璃破碎探测器的安装使用要点

（1）玻璃破碎探测器适用于一切需要警戒玻璃破碎的场所。

（2）安装时应将声电传感器正对着警戒的主要方向，传感器部分可以适当加以隐蔽，但在其正面不应有遮挡物。

（3）安装时要尽量靠近所要保护的玻璃，并尽可能地远离噪声干扰源，以减少误报警，尖锐的金属撞击声、电话铃声、汽笛的啸叫声等均可能会产生误报警。

（4）不同类型的玻璃破碎探测器，安装在各自的合理的位置。

（5）可以用一个玻璃破碎探测器保护多面玻璃窗。

（6）玻璃破碎探测器一般应安装在窗帘背面的门窗框架上或门窗的上方。

（7）探测器不要装在通风口或换气扇的面前，也不要靠近门铃，以确保工作的可靠性。

九、振动探测器

振动探测器是以探测入侵者的走动或进行各种破坏活动时所产生的振动信号来作为报警的依据。入侵者在进行凿墙、钻洞、破坏门、窗、撬保险柜时，都会引起这些物体的振动，以这些振动信号来触发报警的探测器就称为振动探测器。

振动传感器是振动探测器的核心组成部件，将因各种原因所引起的振动信号转变为模拟电信号，此电信号再经适当的信号处理电路进行加工处理后，转换为可以为报警控制器接收的电信号，当引起的振动信号超过一定强度时，即可触发报警。常用的几种振动探测器：机械式振动探测器、电动式振动探测器、压电晶体振动探测器。

（一）机械式振动探测器

常见的机械式振动探测器有水银式、重锤式、钢球式。当直接或间接受到机械冲击震动时，水银珠、钢珠、重锤都会离开原来的位置而发出报警。此类探测器具有误报率低、价格适中等特点，但是灵敏度较低、控制范围较小，故只适合小范围的防护，实际应用较少，其工作原理如图2-26所示。

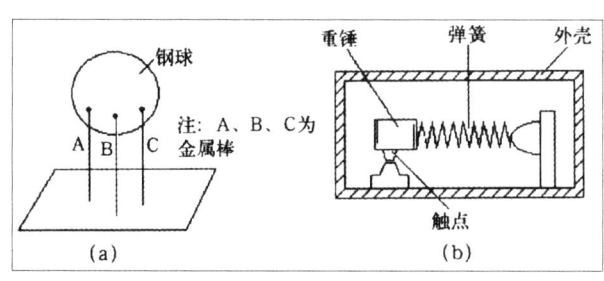

图2-26　机械式振动探测器结构图

（二）电动式振动探测器

（1）电动式振动探测器是在探测范围内能对入侵者引起的机械振动或冲击信号进行报警的装置，其结构组成如图2-27所示。

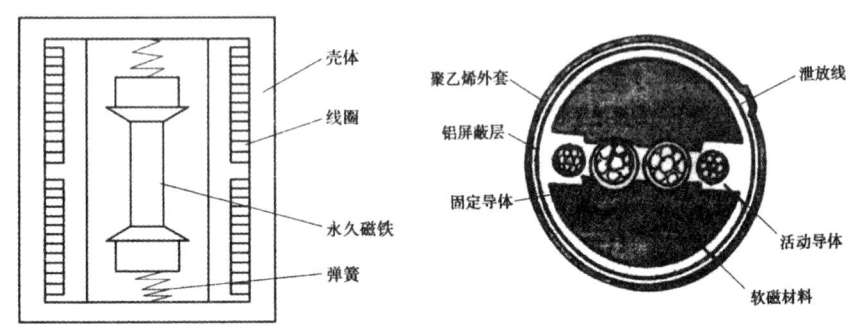

图2-27 电动式振动探测器内部结构剖面图　　图2-28 振动电缆横切面示意图

电动式振动探测器由永久磁铁、线圈、弹簧、壳体等组成，在使用中探测器外壳与被警戒部位刚性连接，当有入侵行为发生时，被警戒部位（如地面）与探测器外壳（线圈）一起产生微振动，由于永久磁铁与探测器外壳是弹簧连接，于是固定在探测器外壳上的线圈与永久磁铁之间就产生了相对运动，即产生感生电流。提取这一变化电流并经处理，即产生报警信息。

电动式振动探测器在室外使用时可以构成地面周界报警系统，用来探测入侵者在地面上走动时引起的低频振动信号，因此又被称为地音探测器。

（2）电动式振动探测器的安装使用要点：

第一，使用中应将探测器埋入5~10厘米深处，且将周围松土夯实。

第二，不能将振动物体（如电冰箱）移至装有振动探测器的防范区域，否则会引起系统的误报警。

第三，在室外使用电动式振动探测器（地音探测器），特别是泥土地中，在雨季（土质松软）、冬季（土质冻结）时，探测器的灵敏度均明显下降，使用者应采取其他警戒措施。

第四，电动式振动探测器的永久磁铁和线圈之间易磨损，一般相隔半年要检查一次，在潮湿处使用时检查时间还应缩短。

第五，调节探测器的灵敏度，试验者在探测范围内以每秒一步（约0.7米/秒）的速度行走，行进三步，系统应报警，如此反复三次。

（三）振动电缆探测器

振动电缆探测器横切面结构，如图 2 - 28 所示，电缆的主体部分是充有永久磁性的软磁材料，且两边异性磁极相对，在两相对的异性磁极之间有活动导体，当导体在磁场中发生切割磁力线的运动时，导线中就产生感应电流，提取变化的电信号，经处理实现报警，电磁感应式振动电缆的安装使用要点如下：

（1）振动电缆安装简便，可安装在防护栏、防护网或墙上，也可埋入地下使用。

（2）电磁感应式振动电缆探测器属于被动式探测器，无发射源，可在易燃易爆的仓库、油库、武器弹药库等不宜直接接入电源的场所安装。

（3）振动电缆使用时不受地形、地物的限制，对气候环境的适应性很强，可在室外较恶劣的自然环境和温差较大的环境下正常工作。

（4）从技术指标上说，振动电缆的控制主机可控制多个区域，每个区域的电缆长度可达 1000 米，但实际中，若以 1000 米长的周界划分区域，会因警戒区太长，报警后不能很快确定入侵者的位置，延误后期的行动。若条件许可，应多划分几个探测区段，即尽量缩短每个区域的电缆长度，一旦发生报警，能迅速确定报警的地点。

（5）有些电磁感应式振动电缆还具有监听功能，当周界屏障受到钳剪、撞击、攀爬等破坏而引起的机械振动时，探测器在发生报警信号的同时还可监听到现场的声音。

图 2 - 29　振动电缆探测器安装示意图

（四）压电晶体振动探测器

压电晶体是一种特殊的晶体，可以将施加在其上的机械作用力转化为相应大小的电压信号，该信号的频率及振幅与机械振动的频率及振幅成正比，此现象称为压电效应。利用压电晶体的压电效应可以制成应用范围很广的压电晶体探测器。

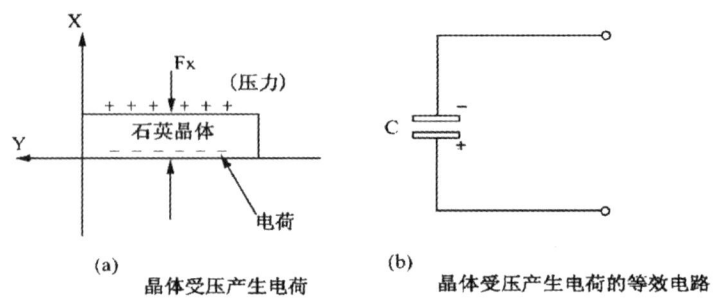

图 2－30　压电晶体电压原理图

压电晶体探测器中的传感器多以压电陶瓷为核心材料制成。压电陶瓷在沿极化方向受力时，则在垂直于极化方向的上下两个镀有电极的表面上出现正、负电荷，其电荷量（电量）与作用力 F 成正比，如图 2－30 所示。压电陶瓷在受到沿作用力 F 时，在上下两个镀有电极的表面上分别出现正、负电荷，电荷量与作用力 F 成正比。压电陶瓷除具有压电性能外，还有热释电性能，也可以用来制作热释电传感器。另有一些材料如聚二氟乙烯、聚氯乙烯等也具有压电陶瓷的性质，用来制成压电薄膜，具有柔软、不易破碎等优点，是一种很有发展前途的新型压电材料。

压电晶体振动探测器，在室内使用时可以用来探测墙壁、天花板以及玻璃破碎时所产生的振动信号。例如，将压电陶瓷振动探测器贴在玻璃上，可用来探测玻璃破碎及划刻玻璃时产生的振动信号，将此信号送入信号处理电路（如高通放大电路等）后，发出报警信号。在室外使用时可以将其固定在防护网的桩柱上，以探测入侵者翻越或破坏防护网时引起的振动。若埋在泥土或较硬的表层物下面，可以探测入侵者在地面上行走时的压力变化而产生报警。

十、电场感应式探测器

（一）电场感应式探测器的基本原理

将两根或多根高强度的带塑料绝缘层的导线通过绝缘的平行架设在一些支柱上，一根场线、一根感应线紧靠一起安装构成一组。将低频信号振荡器产生频率为 1～40 千赫兹的低频振荡信号电压送到各条场线中，在场线的周围就会产生电磁场。由于此电磁场的分布是跟随场线中通入的正弦波交变电压而变化的。因此，根据电磁感应定律，只要有变化的磁场存在，就会在感应线中感应电动势，从而有感应电流流过，在场线与感应线之间就会形成一定状态的电磁场分布。

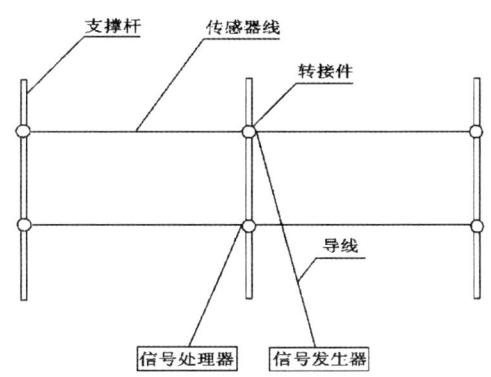

图2-31　电场感应式探测器原理图

将感应线与报警控制器的电路相连，当无人通过此电磁场的探测区时，感应线的输出是恒定的；当有人入侵时，探测区的电磁场受到干扰，从而使感应线输出的感应电压发生变化。只要检测出信号的变化幅度超过预定值，即可发出报警信号。

（二）同轴电缆探测器的基本原理

1. 普通的同轴电缆

同轴电缆是一种同轴管型的传输线，其横截面呈圆形，内外导体处于同心圆的位置。内导体是铜芯线，外导体是软铜线编织层，内外导体之间填充韧性的高频电介质聚乙烯绝缘层，最外层是聚乙烯保护层。用同轴电缆传送信号时，外导体又通常接地，因此电磁场几乎全部集中在内、外导体之间的空间，即封闭在同轴线内。信号传输时没有能量的辐射损耗，传输效果高，对临近电路的干扰也小。由于电缆的外导体对外界的静电场和电磁波有较好的屏蔽作用，因此抗干扰能力较强，也可以减少串信干扰。

2. 泄漏同轴电缆

泄漏同轴电缆的基本结构与前述的一般同轴电缆没有太大的区别。不同的是，泄漏同轴电缆是在电缆外导体上沿着长度方向周期性地开有一定形状的槽孔，故又称开槽电缆。

泄漏同轴电缆兼有传输线和收、发天线的功能，又具有独特的辐射和传输电磁波信号的双重功能，近几年才应用到周界防御场合，如图2-32所示。

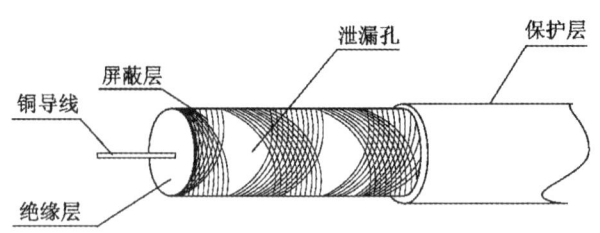

图 2-32 泄漏电缆结构示意图

3. 泄漏同轴电缆探测器的原理

将高频信号发射机和一根同轴电缆连接，接收机与另一根同轴电缆连接。发射机发射端的脉冲电磁沿发射电缆上的漏孔向外传播，并在两根电缆之间形成电场，一部分能量耦合到接受电缆，接受电缆收到信号后，经过数字化处理存入存储器。一旦探测器安装好后，就形成一个稳定变化的电磁场探测区，当有人进入时，对电磁场产生干扰，就会产生干扰的曲线，通过和储存信号的探测区比较，就能探测出入侵者。由入侵者引起的反射波耦合到接受电缆，根据开始发射脉冲和反射回脉冲之间的时间延迟，可测出入侵者的位置。

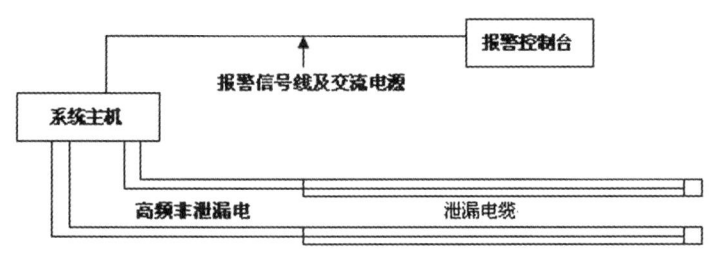

图 2-33 泄漏电缆探测器结构示意图

图 2-34 泄漏电缆探测器警界效果图

4. 泄漏同轴电缆探测器安装使用要点

（1）电缆一般是埋于周界的地下，也可以装入墙内，可以做到十分隐蔽，同时又能形成一道理想的警戒墙，电缆可环绕任意形状的警戒区域周界，不受地形、地面不平坦等因素的限制。

（2）泄漏同轴电缆探测器全线探测灵敏度均匀、探测率高、不存在盲区。

（3）泄漏同轴电缆探测器的探测灵敏度不受环境、温度、湿度等环境问题的影响，抗干扰性强，误报漏报率低，可全天候工作。为了消除鸟、猫等小动物或其他小物体通过时所引起的误报警，必须准确调节其灵敏度。

（4）一般一对收、发电缆可保护约 100～150 米的周界，周界较长时，可将几对收、发电缆与收、发机联在一起，即可构成一道警戒线。

（5）注意在掩埋泄漏电缆的地表面上不能放置成堆的金属物体，以免影响一个良好的电磁探测区的形成。

（6）泄漏电缆通常埋于周界的外侧，泄漏电缆探测器的主机应靠近泄漏电缆的外侧安装。

（7）在安装的环境中，应避免有较强的同频或临近频率的无线电发射源（如电台、电视台、通讯基地台等），否则会干扰探测器的工作，造成误报或漏报。

十一、光纤探测器

（一）光纤的结构及传光原理

1. 光纤的结构

光纤又称光导纤维，是由芯线、包层以及保护层组成。芯线的作用是传导光波，包层的作用是将光波封闭在芯线中传播，光纤的外径一般为 $125～140\mu m$，芯径一般为 $3～100\mu m$。

2. 光纤传光的原理

为了使光线能在光纤中远距离传输，应使光在光纤中产生反射。只要控制入射光的入射角大于全反射角，光波将在芯线中经过多次全反射，完成光信号在光纤中的传输。

（二）光纤探测器的种类

1. 利用光纤断裂使光路中断的探测器

根据防范的不同场合和要求，光纤可以构成各种形状，将光纤环置于需要防范的周界处的适当位置，当有人入侵时，必定会破坏光纤，使其断裂，这时就会因信号的中断而触发警报。由于光纤极细，所以可以方便地进行隐蔽安装。如可将光纤隐蔽在周界防御的钢丝网中，当有入侵者切断钢丝或因攀登、翻越铁丝网造成的过度压力而使光纤折断时，通过报警控制器即可触发警报，也可以把透明的光纤埋在壁纸里，当入侵者破坏光纤时，即发出报警信号。

2. 利用光纤中光传输模式发生变化的探测器

这种原理构成的光纤探测器主要由低功率氦氖激光器、聚焦透镜、多模光纤、光电探测器、信号处理器及报警控制器组成。

由激光光源产生的光经过透镜进入光纤中，多模光纤输出端的发射光束投射出一个以一定分布模式分布的激光强度的斑点图，光纤通常是埋在地表下砂土层适当的位置处，当入侵者踏越光纤之上时，因对其施加了压力，而使光纤受到扭曲，光纤的尺寸和形状就会产生微小的变化，从而使斑点图上的光强度分布模式随之发生变化。当光强度的斑点图发生一定程度的变化时，就可通过报警控制器发出报警信号。这种类型的光纤探测器的基本工作原理是，根据激光通过多模光纤后所产生的光强度分布模式的斑点图的强度变化来探测入侵者。

此种光纤探测器的探测灵敏度较高，实验表明，把光纤埋在离地表砂土下面1.5厘米处，若将一个重8.2克的钢球从高于砂土15厘米处扔下，即使是这种微小的干扰，也可以被探测到，而且在整个光纤长度上，探测的灵敏度均衡与干扰出现的位置无关。该种探测器又被称为光纤线探测器，工作原理如图2-35所示。

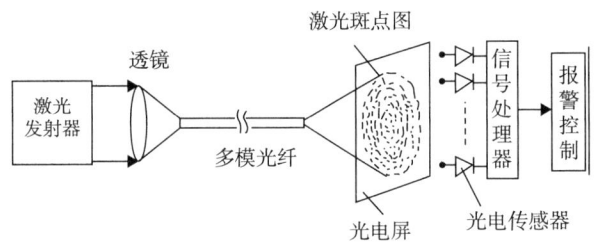

图2-35 光纤探测器工作原理图

3. 利用光纤光路发生变化的探测器

特制的两根光纤A、B在光缆中紧紧靠在一起，并被埋入周界的地下。在正常情况下，光源发出的光经光纤A传送到终端后，再由光纤B返回，送至光脉冲探测器中。显然，在正常情况下，返回光脉冲探测器的到达时间是一定的。当有入侵者踏在光缆上方的地面时，光缆会发生弯曲，光脉冲立即在弯曲处从光缆A窜入光缆B，由于光路的缩短，光脉冲将提前到达探测器，从而可以触发警报，还能根据光脉冲到达的时间测定出入侵者进入周界的地点。

（三）光纤探测器在实践中的应用

机场外围周界、空侧周界一直是机场周界安保的重点区域，也因其范围广、入侵可能性高、入侵后果严重等特点，成为机场周界安全防范的难点。具体来说，有以下几点：

第一，机场外围周界往往绵延数公里，甚至几十公里，因其地理位置较为偏僻，周边环境复杂，入侵人员可隐蔽入侵的概率非常大，面临的入侵威胁也多种多样，无疑存在非常大的安全隐患。

第二，由于机场地空联络、地面无线电通讯联络皆需通过地面无线电电磁波传输信号，因此周界报警产品在区域内工作时不能产生强电，此外，飞机起飞时滑轮与地面会产生强大的电磁场，会影响周边有源产品，因此机场周界报警产品需无源。

第三，由于机场航班服务的特殊性，全年无休，周界报警产品的安装应方便快捷，且后期运维应简单快捷，使用寿命长。

第四，由于机场所处的地理位置，可能会出现强风、暴雨等恶劣天气干扰，周界报警产品抗环境干扰的能力非常重要。

由于机场周界的复杂性，普通入侵报警探测器很难满足机场周界的安防需求，除了上述难点外，飞机起落等复杂因素都对周界报警产品提出了很高要求。

1. 光纤振动入侵探测器在机场运用具有突出优势

光纤振动周界报警系统作为新兴周界安防技术的主力军之一，已经成为机场周界安防应用较为广泛的代表性产品。光纤振动入侵探测器主要分为区域型（防区型）光纤振动入侵探测器和定位型光纤振动入侵探测器两大类，现就以上两类作简单说明。

（1）前端无源：前端探测传感为光纤无源器件，不会产生电磁辐射，可有效避免电磁干扰，确保飞机停飞、机场日常通信不受干扰。

（2）探测距离长：基于"光弹效应"的报警探测机理，光纤内部光信号损耗微弱，信号传输距离长，单个防区的探测距离最长达 2 千米，总探测距离可达 40 千米，十分适宜机场的超长周界防范。一旦发现入侵人员，系统配合电子地图，将入侵点位置精确到 ±2 米，可快速定位入侵地点，提高处警效率。

（3）无需综合布线：光纤的灵活线缆状，使其可灵活安装，相较其他周界产品，省去了复杂化的综合布线麻烦，安装十分灵活，不受地形限制，线缆防水防潮、耐腐蚀性能优越，使用寿命长，后期运维工作十分简便。

（4）可多点识别：基于目前市面上大多数产品在检测到某个地点的报警信号后，短时间内会忽略另一地点的报警信号，无疑给蓄意入侵者留下可乘之机，而此系统将报警响应时间降低至1秒内,8000个点同时识别入侵行为,且各点之间互不影响,不会产生漏报。

(5)漏误报率低:针对长距离区域的复杂性,可根据机场的周界环境进行自我适应,也可根据对应环境单独调节每个点位或多个点位的报警阈值,实现个性化定制阈值,灵活适应环境,减少误报。

(6)系统延展性高:机场周界安防严格,光纤入侵探测系统灵敏度高,系统可延展性强,配合视频监控等辅助设备联动,共同形成机场周界的严密防区,构建起一道安全防护网,最大程度发挥周界第一道防线的防护作用。

周界入侵报警系统肩负着机场周界安全防范重任,光纤振动入侵探测器以其无源的先天优势,适用于超长的机场周界安防,通过"光弹效应"的物联网感知技术,对入侵行为及时报警和告警,无疑在面对突发入侵时,为机场争取防御部署时间以及即刻处警提供实时动态信息反馈,确保机场全天候安全稳定运行。

(四)周界防入侵系统技术现状

目前比较主流的周界报警产品主要包括:主动红外对射探测器、微波对射入侵探测器、脉冲电子围栏报警系统、泄漏电缆周界报警系统、静电感应电缆报警系统、振动传感电缆报警系统和振动光缆报警系统等相关产品,它们在周界入侵报警系统建设中发挥了重要作用,基本实现了入侵检测、触发报警和概略定位等功能。

1. 现有技术存在的主要问题

随着安防建设的不断深入以及安防应用的不断普及,以前各个安防子系统相互独立的问题也逐步显现出来:一是各安防子系统相互独立,缺乏联动,发生紧急事件时不能高效发挥预警联防的作用;二是各个安防系统独立管理,管理与维护效率低下,警力与物力浪费明显,部分系统存在漏报率高、环境适应性差、部署不方便、维护难度大等缺点和不足。

2. 周界防入侵技术发展趋势

在数字化和网络化趋势的双重驱动下,周界安防入侵探测产品也迎来了全新的变革和突破。一方面通过智能算法的应用,极大地改善了设备漏报、误报的情况;另一方面基于全网络化的架构,降低了工程施工的复杂程度和成本。周界入侵报警系统技术总的发展趋势可概括为以下几点:

(1)通过新技术的融合应用,提升周界安防报警系统的智能化水平。安防领域99%以上的数据是非结构化数据,安防大数据要走向深度应用首先要解决视频结构化问题。随着深度学习算法的突破,目标识别、物体检测、场景分割、人物和车辆属性分析等智能分析技术均取得了突破性进展。

（2）在周界入侵报警系统智能化的过程中，由于产品种类不断丰富，所以衍生出众多的细分市场。不同原理传感器技术的发展、不同行业的周界入侵报警系统的业务需求反过来会对周界入侵报警系统的智能化水平提出更高的要求。智能化需求带来了系统结构复杂、数据量大、用户数多等问题，实现行业的精准划分并给出切实可行的综合解决方案对企业的综合实力是一个严峻考验。

（3）大数据及智能化应用成为提升周界入侵报警系统智能化水平的关键技术。充分运用人工智能技术进行海量数据挖掘和分析，才能实现真正的安防智能化。相比传统的智能算法，深度学习在解决视频结构化问题上表现得更智能。计算机视觉把特征和学习融合起来变成特征学习，在图像识别领域发生了翻天覆地的变化，其中最热门的人脸识别技术已在智能交通、智能楼宇和平安城市治安防控项目建设中得到了广泛应用。

近年来，在周界防范产品领域，基于物联网技术的周界防范入侵探测系统发展非常迅速。基于物联网技术的周界防范入侵探测系统对前端探测采用网状协同探测，与传统的前端探测设备所采用的单点探测以及开关量输出相比，具有目标精准定位、目标识别以及模式判别等功能。

十二、双技术探测器

双技术探测器是按照探测器中所利用的探测的技术种类而对探测器进行分类的另外一种方式。

双技术探测器又被称为双鉴器或复合式探测器，是将两种探测技术结合在一起，以"与"的关系来触发警报，即只有两种探测器同时或者相继在短暂的时间内都探测到目标时，才可发出报警信号。

（一）双技术探测器的发展

单技术探测器只利用一种探测技术，其结构组成较为简单、价格低廉，但有易受到各种不同因素的影响，在恶劣工作环境下，受到不同的误报源而产生误报警等缺点。

飘落的树叶、小动物等挡住了主动红外探测器的光束会产生误报警；小动物的骚扰或温度较高的热气流会引起被动红外探测器的误报警；汽笛声、环境温度的变化等会引起超声波探测器的误报警。在实践中，为了有效降低误报警率，一方面应该合理地选用、安装和使用各种探测器，另一方面就是要不断提高探测器的质量，选取性能稳定、可靠性强的产品。但就目前情况来看，仅从提高某一种单技术探测器的可靠性方面来努力是有一定的难度的，采用双技术复合探测器就可较好地解决这一问题。

1973 年日本首先提出双技术探测器的设想，直到 20 世纪 80 年代初才生产出第一台微波－被动红外双技术探测器。

（二）双技术探测器的种类

研究人员对不同的探测技术进行了多种不同组合方式的实验，如超声波－微波、双被动红外、微波－被动红外、超声波－被动红外、玻璃破碎声响－振动双技术探测器等。

1. 微波－被动红外双技术探测器

微波－被动红外双技术探测器实际上是将具备这两种探测技术的探测器封闭在一个壳体内，并将两个探测器的输出信号共同送到"与门"电路去触发报警。其特点是，当两个输入端同时为"1"时，其输出才为"1"，即只有当两种探测技术的传感器都能探测到移动的人体时，才可触发报警，其工作原理如图 2-36 所示。

微波－被动红外双技术探测器采用了微波及红外线两种探测技术，必须同时感受到入侵者的体温及移动时，才能发出报警。该双技术探测器既具有微波、被动红外探测器的优点，又克服了各自的缺点，从而提高了工作的可靠性。

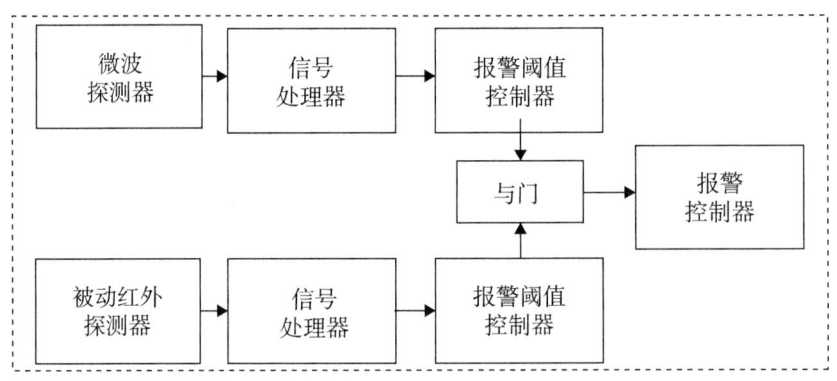

图 2-36　微波－被动红外双技术探测器原理图

2. 超声波－被动红外双技术探测器

采用与微波－被动红外双技术探测器相同的原理，将超声波与被动红外两种技术组合在一起，并将两个探测器的输出信号共同送到"与门"电路去触发警报，就构成了超声波－被动红外双技术探测器。超声波不会穿过墙壁或窗门探测，所以不会因室外的一切移动物体造成误报警。为了降低误报率，安装时应考虑避开同时能引起两种探测传感器误报警的环境因素，因此，超声波－被动红外双技术探测器不适宜于安装在通风好、空气流动大的位置。

3. 声控－振动型双技术玻璃破碎探测器

声控－振动型双技术玻璃破碎探测器是将声控探测与振动探测两种技术组合在一起，只有同时探测到玻璃破碎时发出的高频声音信号和敲击玻璃所引起的振动时，才能输出报警信号。与前述的声控式单技术玻璃破碎探测器相比，可以有效地降低误报率，提高探测的可靠性，不会因环境中的其他声响而发生误报警，实现全天时的防范工作。

4. 次声波－玻璃破碎高频双技术玻璃破碎探测器

次声波－玻璃破碎高频双技术是将次声波探测技术与玻璃破碎高频探测技术组合在一起，只有同时探测到敲击玻璃和玻璃破碎时发出的高频声音信号和次声波信号时，才能触发报警。

这种双技术玻璃破碎探测器相比前一种声控－振动型双技术玻璃破碎探测器，其性能又有了进一步的提高，是目前较好的一种玻璃破碎探测器。

5. 分体式双技术探测器

将两种探测器分别安装在两个壳体内，并放置在室内的不同位置，而最终再将两个探测器的输出信号送到"与门"电路处理后再实现报警，这样的双技术探测器就构成了分体式双鉴器。采用分体式双鉴器虽然在安装上增加了麻烦，但优点是可以提高探测率。因为有的探测器对于径向移动物体有着最大的探测灵敏度，而有的探测器则对横向移动物体有着最大的探测灵敏度，安装时将这两种探测器的径向安排成相互垂直的状态，则将提高对移动人体的探测灵敏度。

（三）双技术探测器的主要特点及安装使用要点

（1）双技术探测器比单技术探测器的价格要贵些，但其可靠性要远高于单技术探测器。

（2）要使两种探测器的灵敏度都达到最佳状态是比较难做到的，只好采用折衷的办法，使两种探测器的灵敏度在防范区内尽可能地保持均衡。

（3）将同时能引起两种探测传感器误报警的环境因素的影响减至最小，否则，双鉴器误报率极低的优势就得不到发挥。

项目三　入侵报警控制器

入侵报警控制器通常又叫报警主机，作为入侵报警系统中的核心设备，是接收入侵探测器输出的报警触发信号，显示报警状态，发出声光报警信号并指示出入侵的位置，对入侵探测器进行（布防、撤防等）功能控制的设备。

一、入侵报警控制器的类别

（一）电话报警控制器

电话报警控制器肩负报警控制与报警信息外送两项任务，是一种常用的小型报警控制器。此类控制器由微处理器和相应外围电路组成，一般能接收 4～8 路探测信号。发生警情时，能按存入的号码自动依次拨打报警电话，向报警中心发出报警信号和相应的地址码。报警发送装置具有电话线抢断功能和电话线防剪断功能，可通过面板键盘或遥控器设置布防、撤防时间，需要时，也可通过报警中心控制器对用户的布防、撤防实施遥控。

（二）区域报警控制器

区域报警控制器的输入输出端口较多，防范的区域也较大，适于在博物馆、高级住宅小区、大型仓库、高层写字楼等场所组成相对较大的系统。区域报警控制器具有联网接口，可以上与集中控制器、下与探测器相连，也可与电话报警控制器相连，实现多级警情传送，形成大型报警网络。

（三）集中报警控制器

集中报警控制器是用于报警网的控制主机，通常由它将多个区域控制器通过联网接口连接起来，组成大型社区或中小城市的报警网络。集中控制器接收的是各个区域控制器送来的报警信号，有的还能直接切换任何一个区域控制器送来的声音和图像复核信号，并在必要时进行记录。

二、入侵报警控制器的基本功能

（一）入侵报警控制器

入侵报警控制器应能直接或间接接收来自入侵探测器和紧急报警装置发出的报警信号，发出声光报警，并指示发生入侵的部位。此时值机人员应对信号进行处理，如监听、监视等，确认有人入侵时，立即通知保安人员到现场。若确认是误报警时，则将报警信号复位。

（二）防破坏报警

（1）短路、断路报警。信号线路被人破坏，如短路、被剪断或并接其他负载时，报警控制器应立即发出声光报警信号，此报警信号直至报警原因被排除才能复位。

（2）防拆报警。入侵者拆卸前端探测器时，入侵报警控制器立即发出声光报警，这种报警不受警戒状态的影响，提供全天候的防拆保护。

（三）紧急报警

紧急报警不受警戒状态的影响，随时可用。入侵者闯入警戒区时，现场工作人员可按动紧急报警装置报警。

（四）延时报警

可实现 0~40 秒可调的延时报警。

（五）欠压报警

报警控制器在电源电压等于或小于额定电压的 80% 时，产生欠压报警。

（六）自检功能

报警控制器有报警系统工作是否正常的自我检测功能。

（七）电源转换功能

报警控制器应有电源转换装置，当主电源断电时，能自动转换到备用电源供电；当主电源恢复时，又自动转换到主电源供电，并对备用电源自动充电。

（八）环境适应性能

报警控制器在温度为 -10℃~55℃，相对湿度不大于 95% 时均实现正常工作。

（九）布防与撤防功能

在警戒现场的工作人员下班后应进行布防，现场工作人员上班时应撤防，并且布防与撤防可分区进行。

（十）报警部位显示功能

小容量报警控制器的报警部位一般直接显示在报警器面板上（指示灯闪烁）。大容量报警控制器配有地图显示板，也可以在电脑屏幕上显示。

（十一）记录功能

报警控制器有打印机接口，连接打印机后可记录下报警时间、地点和报警类别等。

（十二）通信功能

报警控制器留有通信接口，遇有紧急情况可自动通信，因此，报警控制器又称报警或通信主机。

（十三）联动功能

报警后，可自动启动灯光、摄像机、录像机等设备实现报警、摄像、录像功能的联动。

项目四　行业新动态

当前的报警服务基本上还属于专业安防服务的基本范畴，就服务的标的和使用对象而言，绝大多数是满足固定点目标的安全需求。无论是单个沿街商铺还是大型的机关单位的报警，针对的都是固定财物、设备设施的防盗报警，其标的、场景、时间等都是固定的。对于可移动目标（比如车辆、轮船、个人、动物等）的安全保障，特别是对报警通讯传输等方式的现实应用则相对较少。造成这一现状的原因是什么？怎样才能做好移动报警服务呢？

一、移动报警应用囿于车辆定位报警

在传统的报警服务领域，大家习惯于将报警划分为固定目标报警和移动目标报警两个方面，具体的使用场景和对象之间的差别貌似仅仅在于目标物体是否处于运动状态，这尽管看起来只是使用对象的不同，但二者有本质的差异。

就固定点报警而言，其防范和报警方式主要是应对入侵，结合现场报警和远程信息传输，这种方式能够有效起到威慑、吓阻、中止入侵的安全保障。对于移动目标的防范和报警方式而言，则并不仅仅是简单的防盗，同时还涉及地理位置信息、活动状态、信息传输以及相对应的响应机制。

固定点报警服务的推广和应用广泛，除了有明确的防盗需求和商业盈利模式的支撑外，最主要的是其报警服务系统能够在区域范围内形成一个循环。以小范围特定区域内的现场报警为例，报警系统能够通过层层预警、告警的方式提示安全值守员，安全员根据操作流程进行确认和处置，整个流程十分清晰和简单。推而广之，扩大到区域性甚至是全国性的联网报警服务，其报警机制和响应流程依然十分清晰并且可控，最重要的是能够快速核实现场，从而达到安全防范之目的。

而移动报警由于目标处于运动状态，其防范目标除了防盗外，还有更多的安全诉求，比如防抢、防破坏、防走失等。除了技术运用和产品层面在入侵探测的基础上增加了更多变量（GPS/GIS 信息、时间、速度）外，同时由于防范目标处于移动状态，对于设备电池、信息传输介质/载体、通讯信号以及对应的处置提出了更高的要求。正是因为这些因素不可控以及对其他系统平台的支撑和依赖较大，移动报警从一诞生起就注定了其一定是个大系统并且受制于其他行业技术的发展，比如卫星定位系统的民用化进程、定位准度和精度以及无线通讯信号覆盖面等。

移动报警的使用群体绝大多数集中在拥有轮船、车辆（主要是特种车辆）等具有强烈安全需求且能够承担相对高昂费用的群体。原因在于：其一方面便于管理，另一方面能够通过技术设备和系统的补充为保险等风险转嫁提供更多的第三方支持。另外，由于目标处于运动状态，报警之后的响应基本上无法进行，这也注定了其使用群体难以扩展到更大的群体。

二、车辆定位报警之外还有大市场

随着卫星定位技术的民用化进程越来越快，具体的项目应用越来越多，特别是"北斗"系统的加速应用，基于地理位置信息和入侵探测信息推送等更多功能的移动报警应用的发展也越来越迅速。在通讯网络及技术发展的基础上，私家车越来越普及，移动报警在车辆上的运用得到了长足的发展，设备价格越来越低，功能也越来越强大。但一个需要引起重视的事实是，这类型的设备基本上都不是专业的报警设备厂家出品，而是由以行车记录仪等"汽车后市场"的各配套商为代表的厂家生产的，并且基本上都采用纯设备供应的方式，缺乏系统支撑和服务支持。

同时，除了汽车的移动定位报警之外，针对个人（特别是老人和小孩）、物品（随身携带的箱包和手袋）、宠物等群体的移动报警需求也越来越强烈。除了物品的防盗具有较强的功能性需求外，个人和宠物等的移动报警及定位本质上属于情感及安全类需求，因此，赋予安全报警服务更多功能性之外的情感定义，将是今后民用化安全报警最显著的特征。

三、系统和服务配套比产品和技术更重要

实际上，同家庭联网报警一样，移动报警服务在安全报警行业领域中也是叫好不叫座，目前尚未形成具有较大影响力和具有广泛的市场接受度的品牌商（或服务商），笔者认为有以下一些原因：

第一，相关设备的电池待机时间问题。移动报警设备由于需要保持网络通畅并不断搜索和上传各种数据，且需要实现数据的双向交互以及多端同步等，其对硬件设备的电量消耗较大。同时，由于设备自身也需要安全保障等因素，决定了相应设备的体积不能过大，故出现了不管从程序上如何优化，在电池技术没有取得突破之前，这个问题将长期困扰并限制移动报警和相关应用的发展的现象——iWatch、儿童手表等就是

很好的证明。

第二，相关设备带来的其他安全隐患问题，特别在针对个人安全定位的报警类设备中尤其突出。可穿戴设备是当下及今后的发展热点，移动报警和安全类设备也不例外。而移动报警等安全类产品除了一个基础的数据采集外，由于其安全报警的特殊性，需要及时不间断地将数据上传，无线连接和发射带来的辐射等安全问题不得不引起重视，特别是针对儿童手表类安全报警产品。

系统和服务配套的缺失是导致移动报警设备难以得到广泛运用的最大障碍。前面提到的各种车辆安全定位报警类产品，不管是其产品的设计思路还是系统服务的整体架构，基本上都是脱离了系统和服务的概念，相互之间的竞争是产品性价比的竞争，而没有结合安全报警服务消费的模式。当然，由于移动报警的不确定性（时间、地点、环境等）和响应的不可抵达性（主要指服务半径），直接导致了绝大多数的安全报警服务运营商暂时抛弃了这一市场。

四、布局线下，体验式消费胜过功能和价格的比拼

不管是车辆定位报警设备、儿童安全定位报警器还是物品防丢报警器，这类移动报警类设备已经充斥市场并且进入了绝大多数的家庭。一个值得重视的现象是，绝大多数人对这类产品的知晓和购买渠道来自网络平台，即电商占据了绝大多数。其根本原因不言而喻，即价格低廉，且具有基础功能。另外一个值得注意的事实是，这种产品的使用时间以及更新频率很快。原因在于，一方面消费者购买产品时的代价并不大，另一方面是学习和使用成本高（功能花哨），还有一个前面提到过的重要原因是没有稳定可靠的平台做支撑，使得用户的使用体验差。

对安全报警服务从业者而言，如何设计开发出符合现代民众生活所需的产品和服务体系，如何将市场上已经大量存在的移动报警产品的使用者吸引过来并转化成为自己的客户，如何利用现有的渠道资源和先发优势提供给消费者不一样的使用体验，都是业内应该重点思考的问题。从业者应该学习联网报警（尤其是商铺联网报警）的发展经验，注重本地化服务及现场体验式营销。将目标受众的关注焦点从产品本身回归至系统服务，将他们开始习惯利用网络购买硬件产品的方式拉回到现场体验，去掉花哨和不实用，明明白白消费。

五、万物互联、移动互通，服务型消费取代产品型消费

智能化是当今时代发展的热点，安全报警同样如此，建设智慧城市，打造一个万物互联的世界不但是一个行业的需求，也是一项国家战略。移动报警从诞生开始，本

质上就是一个物联网的系统，而且是一个真正意义上的"天地互联"。

　　作为国家战略布局的重要组成部分，"北斗"将会在今后的生活中发挥越来越重要却"非显性"的作用，这必将加速移动报警定位产品的发展和变革，安全报警服务从业者尤其是服务商们应该抓住先机。不管是原有的 GPS 报警定位系统的升级，还是更大范围的民生移动报警类消费，其蕴含的市场容量比现有的固定报警市场高出几个量级。更重要的是，在服务型消费、PPP 模式、共享经济等各种新的经济形式和理念的引导和冲击下，用户将会越来越少地为硬件本身买单，而将更习惯于为优质的、具有实际意义的安全消费体验付费。

思考练习

1. 入侵报警系统由哪几部分组成，各自有什么作用？

2. 入侵报警系统的探测率、漏报率和漏报率各有什么涵义？他们之间有怎样的关系？

3. 如何有效降低入侵报警系统的误报率？

4. 简述入侵报警系统的发展趋势。

学习单元三

视频监控系统

知识目标

熟悉视频监控系统的发展阶段和趋势

熟悉视频监控系统的结构和作用

熟悉视频监控系统的主要技术

能力目标

具备操作视频监控系统设备的能力

具备维护和调试视频监控系统的能力

 知识内容

项目一 视频监控系统概述

随着社会经济的高速发展，科学技术的快速进步，平安城市的全方位建设以及科技强警战略的有力推动，视频监控与社会治安管理工作结合并快速发展，其应用范围也不断扩大，对社会治安管理及安全防护工作的开展起到了一定的推动作用。

视频监控系统在安全防范中的地位和作用日益突出，其特点主要表现为：通观全局、一目了然、判断事件具有极高的准确性。视频监控系统，从在早期安全防范系统中被作为一种报警复核手段，到充分发挥实时监控作用，成为安全防范系统技术集成的核心，正在成为未来安全防范系统的主导技术。

一、视频监控技术的特点

（一）视频监控是一种主动的探测手段

目前，视频监控技术可以将监控区域或人员信息予以判断，是实时动态监控的最佳手段，可以实现安全防范系统的探测、系统监控、周界和出入管理等功能。

（二）视频监控能完整和真实地记录信息

视频监控系统所记录的信息是安全防范系统中最完整和真实的内容，记录事件发生时的状态、事件发展的过程和处置的结果，可以作为事后调查的依据和证据。

（三）视频监控与其他系统实现资源共享

视频监控系统可与系统外的技术系统实现资源共享，可以与消防、楼宇管理、建筑自动化系统资源共享。

（四）视频监控是安全防范系统技术集成、功能集成的核心

视频监控通过实现与其他子系统的功能联动，形成统一的操作界面。当前，安防系统中最通用、最合理的集成方式是以视频监控系统中心设备为核心，建立一个综合的人机交互界面，实现与入侵探测系统、出入口控制系统等的统一联动。

二、视频监控技术发展的三个阶段

从技术上看，视频监控系统主要包括 5 大模块（摄像、传输、存储、显示、控制）。各模块的工作流程是：摄像头通过电缆（模拟信号）或网线（数字信号）将视频信息传输到后台的应用管理平台；平台再将视频信号分配到各监看终端及录像存储设备。通过应用平台，操作人员使用键盘发出指令，对摄像机（云台）进行动作控制及对镜头进行调焦；同时，还可以实现图像处理、对图像进行回放等基本操作，也可以进行图像标注、以图搜图、车牌识别、比对报警等深化应用。视频监控系统的发展主要经历了三个阶段。

第一代（20 世纪 80 年代至 90 年代中期）是以模拟设备为主，由模拟摄像机、视频画面分割器、矩阵、卡带式录像机（VCR）、同轴线缆和监视器等设备组成，第一代视频监控系统因为各种局限性，已经慢慢退出历史舞台。

表 3 – 1　模拟闭路视频系统特点

序　号	特　点	理　由
1	只支持本地监看	受线缆传输距离和放大器等因素影响
2	图像质量差	像素或分辨率不高
3	录像存储不灵活	手动更换录像带，易丢失或被误操作删除，录像质量随拷贝数量、次数的增加而降低
4	可扩展性差	受分割器、切换器和矩阵输入容量限制

第二代（20 世纪 90 年代末至 21 世纪初）是"模拟 – 数字"混合视频系统（DVR）。随着计算机处理能力提高和视频技术发展，人们利用计算机的高速数据处理能力进行视频的采集和压缩处理，利用显示器的高分辨率实现图像的多画面显示，大大提高了图像质量，这个时期是 PC 式录像机和嵌入式录像机的天下，这一代视频系统属于非标准封闭系统，以 DVR 为核心，从摄像机到硬盘录像机仍采用同轴电缆传输模拟视频信号，通过 DVR 录像和回放，并可支持有限 IP 网络访问。

表 3 – 2　模拟 – 数字混合视频系统特点

序　号	特　点	理　由
1	布线复杂	摄像头需单独安装视频线缆
2	可扩展性差	DVR 一般最多扩展到 16 个摄像头
3	图像分辨率低	只有 30 万像素，一般的人物、物品细节无法记录
4	可管理性差	需外部服务器和管理软件才能控制多个 DVR 或监控点
5	远程控制能力差	不能远程访问摄像机，只能通过 DVR 间接访问摄像机
6	磁盘易发生故障	与 RAID 冗余和磁带相比，录像没有保护，易丢失

第三代（21 世纪初至今）是数字网络的视频系统（IPVS）。随着网络带宽提高和成本降低、硬盘容量加大和中心存储成本降低，视频监控步入了全数字化的网络时代，以数字视频压缩、传输、存储和播放为基础，依靠强大的平台软件实施管理，所以被称为第三代全网络视频监控管理系统。第三代是纯粹的数字化系统，矩阵不复存在，只有前端的视频采集设备如摄像机、云台、解码器与上一代无异，但系统的主架构已经变成了编码器 + 网络 + 视频平台，系统变得非常开放、灵活、简单，利用数字化和网络化实现了模拟矩阵利用多个硬件进行配置和组合才能实现的功能。全数字视频系

统与前面两代视频系统相比，功能优越不少，如：摄像头内置 Web 服务模块，直接连接以太网端口，生成 H. 264、JPEG 或 MPEG4 等数据文件，可供经授权客户端从网络中灵活监看、共享、访问、存储。

表 3-3 数字网络的视频系统（IPVS）特点

序 号	特 点	理 由
1	简便性	通过有线或者无线以太网连接网络，可使用 5 类网络缆或无线网络方式传输，输出图像可使用方向、变倍等控制命令
2	高可控性	通过管理应用软件就可运行整个视频监控系统；易于升级与全面可扩展性，服务器能够方便升级
3	图像分辨率高	一般分辨率达到 720P 或 1080P 以上，清晰记录细节
4	远程监视	经授权客户端都可访问前端摄像机，便于共享共用
5	存储器稳定可扩展	可同时利用 SCSI、RAID 以及磁带备份存储技术，具有存储备份功能，存储不受硬盘驱动器故障影响
6	智能化应用	人脸识别、特殊行为识别、车牌识别、行人流量统计、危化烟雾检测和交通拥堵检测等

近两年逐渐流行的视频分析系统可以算作 3.5 代视频监控系统，是依附于数字的视频系统，同时也是一种附加的应用。虽然其目前还是属于高端可选的配置，但其未来的发展是不可估量的，甚至可能成为不远的第四代。

项目二 视频监控系统的基本结构

视频监控是应用电视的一种形式，区别于广播电视（信息的传播和发散），是一个图像信息采集系统，它将分布广泛、数量巨大的图像（信息）集中起来（到监控中心）进行观察、记录和处理。从结构组成来看，其通常由三个部分组成。

一、前端设备

前端设备的主要功能是完成图像信息的采集（生成），摄像机是其核心，其他的辅助设备都是围绕摄像机配置的，如镜头、支架、防护、控制、照明等设备。前端设备是视频信息系统的信息源，视频监控系统的图像质量基本上取决于前端摄像机及其配套设备。

（一）摄像机

摄像机是视频监控系统中最重要的核心设备，决定了全系统的图像质量。随着大数据时代的到来，数字信号具有频谱效率高、抗干扰能力强、失真小等特点，计算机的处理能力、存储能力和存储容量以及网络技术的提高、各种视频处理技术的出现，使视频监控系统已进入到数字化时代，基于此，我们重点介绍网络摄像机。

网络摄像机是传统摄像机与网络视频技术相结合的新一代产品，除具备一般传统摄像机所有的图像捕捉功能外，机内还内置了数字化压缩控制器和基于 Web 的操作系统，使得视频数据经压缩加密后，通过局域网、Internet 或无线网络送至终端用户。远端用户可在自己的 PC 上，根据网络摄像机自带的独立 IP 地址，对网络摄像机进行访问，实时监控目标现场的情况，并可对图像资料实时编辑和存储。但从内部构成上看，无论是哪种机型，网络摄像机的基本结构大多都是由镜头、滤光器、影像传感器、图像数字处理器、压缩芯片和一个具有网络连接功能的服务器所组成的。

1. 镜头

镜头，是指光学参数和机械参数专门为摄像机设计的镜头，是摄像机实现光电转换、生产图像信号必不可少的光学部件，镜头的性能与焦距、相对孔径、景深等指标参数密切相关。

（1）焦距。焦距是镜头主点到像方焦点的距离。镜头实际上有物方焦距与像方焦距两个参数，由于物、像空间是处于相同的介质（空气）中，因此两者相同。镜头的焦距决定景物在电视图像中的大小。镜头的焦距决定了该镜头拍摄的被摄体在 CCD 上所形成的影像的大小，焦距越短，拍摄范围就越大，相对物体变小。

（2）相对孔径。相对孔径是光圈的相对孔径等于镜头的有效孔径与镜头焦距之比，镜头的相对孔径表征了物镜的集光能力，实际镜头则用倒数值（光圈数 F）来标志，相对孔径越大，通过的光越多。选用相对孔径大的镜头，可以降低对景物照明条件的要求。

（3）景深。光学镜头能够把一定纵深空间范围内的景物在成像平面上呈现出清晰的图像，对应的空间距离就称为该镜头的成像的景深。景深主要与以下几个因素有关：①光圈大小。在镜头焦距、物距不变的条件下，光圈系数越大，景深范围越大；②焦距长短。在光圈系数、物距不变的条件下，镜头焦距越大，景深就越小。③物距远近。在镜头焦距、光圈系数不变的条件下，物距越远，景深越大。

2. 滤光器

滤光器是能滤掉复合光中其他波长光，而仅使所需波长范围的光通过的光学器件。

3. 影像传感器

在传统的相机中，胶片是一种感光材料，经过某种特定的化学药品处理后，它会把拍摄到的影像记录下来。数码相机中，影像传感器代替了胶片的位置，形成了电子影像，一般有两大类：

（1）电荷耦合器件图像传感器（Charge Coupled Device，简称 CCD），是半导体组件，于 1970 年由美国贝尔（Bell）实验室发明。CCD 其实是一组可以进行"光电转换"的光电体，当光通过镜头聚焦形成影像后，CCD 便会将影像的光讯号转换为电讯号（电压）。光量愈大，释放出的电子数量愈多，电讯号亦愈强，像素的显示则会越亮。在 CCD 上组成画面的最小单位被称为像素，每个光电体等于一个像素。

（2）互补性氧化金属半导体（Complementary Metal - Oxide Semiconductor，简称 CMOS），CMOS 和 CCD 一样同为在数码仪器中记录光线变化的半导体。CMOS 主要是利用硅和锗这两种元素所做成的半导体，使其在 CMOS 上共存着带 N（带负电）和 P（带正电）的半导体，这两个互补效应所产生的电流即可被处理芯片记录和解读成影像。

4. 视频编码器

视频编码器又叫视频服务器，是用来把模拟摄像机产生的模拟信号转换为数字信号并压缩编码以后上网传输的设备，属于数字视频安防视频监控系统的前端设备，有的视频编码器还提供一定容量的本地储存能力。

（二）云台

云台现已是视频监控系统的一个专用名词，是指各种可以安装、固定摄像机（或防护装置）并能改变摄像机方位的机械装置，作用是扩大摄像机的监控范围，由以下两个基本部分组成：

（1）摄像机或防护装置的安装面，与摄像机或防护装置的安装面相匹配，通过一定面积的接触保证摄像机的稳定性，通常带有与摄像机固定螺孔相同规格的螺栓和定位销。

（2）旋转机构，是实现承载物方位改变的机械组件。摄像机方位是指摄像机的光轴方向，是与镜头的光轴相一致的，改变这个方位就可使摄像机的视场发生改变。根据云台的功能，有一个或两个旋转机构，包括水平旋转机构（以垂直线为轴在水平面上左右转动）和垂直旋转机构（以水平线为轴在垂直面上俯仰转动）。早期云台的旋转机构基本上是一个齿轮传动的圆盘，现在则多样化，但结构更为简单。

（三）防护罩

摄像机防护装置（防护罩）在应用电视系统中占有十分重要的位置，在很大程度上决定了系统的应用领域。通常，我们将应用电视系统分为：通用电视系统、高温电视系统、井下电视系统、水下电视系统、安防视频监控系统等。其实各种系统所采用的基本设备，如摄像机、显示、记录和控制设备都是相同的。主要差别是系统应用环境的不同，而保证系统能够适应各种环境条件的基本设备就是摄像机的防护装置。可以说，防护罩是使通用的摄像机可以在各种环境条件下正常、可靠地工作，从而构成各种应用电视系统的关键组成部分。

1. 室内防护罩

室内防护罩的主要功能是防尘和摄像机的物理防护。其没有任何可调节的环境参数，仅是一个有光学窗口的壳体，罩内空间稍大于摄像机（包括镜头），对壳体材料也没有特殊的要求。按其安装形式有：吸顶、壁挂或支架安装型。在某些特殊场合，如监狱或看守所，对防护罩的机械抗冲击能力要求很高，需采用厚钢板和防爆玻璃加工制造。

2. 室外全天候防护罩

所谓全天候，是指可以适应室外一年四季的气候条件。此类防护罩主要用于室外露天的场合，在自然雨雪、风沙、酷热、严寒的环境，保持防护罩内小环境的清洁、温湿度相对稳定、光学窗口透明，保证摄像机可以连续可靠地工作。根据使用地域气候条件的不同，还可选配一些其他的附加设备或增加各种调节功能，如除霜器、去雾器或附加保温层，增大加热器功率和通风量等。这种防护罩大多配合变焦镜头摄像机使用，加上温度调节的需要，罩内空间较大。其安装方式主要是与云台连接，是室外视频监控系统采用的基本设备。

3. 特殊环境防护罩

这类防护罩主要应用于有腐蚀性、易燃易爆、粉尘密度大、高温、高压等严酷环境。根据应用环境的不同，有多种不同的形式。但它们的设计思想是基本相同的，如采用全铝或不锈钢圆筒形结构，实现高密封性，或在罩内充气（氮），使罩内气压大于外部，实现罩内外隔绝，以提高防护罩的机械强度和自身抗冲击能力，增强其物理防护能力。

4. 球形防护罩

球形防护罩不同于一般的矩形结构的防护罩，目前使用率高，分为室内半球形防护罩和室外球形全天候防护罩。室内半球形防护罩，为了装饰美观及适当的隐蔽，摄像机防护罩制成吸顶灯式半球形。半球形防护罩有多种规格，壳体材料不同，有的是有颜色的玻璃罩，留有一监视窗，有的是全透明塑料壳体，有的是半透球，从外看是不透明的。全天候球形监视防护罩系统，是指带有特定的云台、加热器和通风机的球

形壳体，主要应用于一体机。

（四）支架

支架是固定云台及摄像机防护罩的安装部件，一般在支架上安装云台，再将带或不带防护罩的摄像机固定在云台上。制作支架的材料有塑料、金属镀铬、压铸，支架多种多样，依使用环境不同和结构不同，主要有下列类型：

1. 天花板顶基支架

一端固定在天花板上，另一端为可调节方向的球型旋转头或可调倾斜度平台，以便摄像机对准不同的方位。有直管圆柱形和丁形两种结构。

2. 墙壁安装型支架

一端固定在墙壁上，其垂直平面用于安装摄像机或云台，对于无云台的摄像机系统，其摄像机可以直接固定在支架上，也可以固定在支架上的球型旋转接头或可调倾斜平台上。

3. 墙角支架

由墙用支架加上安装连板构成，墙角支架加上圆柱安装连板，即可安装在圆柱杆上。

二、网络体系

视频监控系统经历了从第一代模拟系统到第二代"模拟－数字"混合视频系统，再到第三代完全数字化的数字网络视频监控系统三个阶段的发展演变，其视频监控系统的主要变化体现在监控设备、存储和传输方式等方面。

（一）点对点的视频传输

模拟监控是视频监控的雏形，最早的视频监控是以磁带录像机为主，由同轴电缆传输，录像存储于固定机房，这样的视频监控系统称为闭路电视视频监控系统。因监控范围受到区域的影响，应用领域主要是小区出入口、小区周界、小区花园、车库出入口和电梯轿厢等。此类系统具有设备单一，构造简单，性能稳定，维护方便，图像清晰等特点。但是存在分路存储，资料回放麻烦等缺点。

点对点的视频传输发送端直接把视频数据通过传输网络传送到接收端，这种方式主要应用在监控点数量少、监控应用相对简单的方式，多见于模拟视频监控系统和早期数字视频监控系统。

（二）局域网传输模式

模拟视频监控系统因磁带录像机存在存储录像时间短、录像视频不够清晰、无法循环使用以及视频监控系统保存时间较短等问题，导致视频监控在某种程度上失去了监控的意义。与此同时，视频监控系统随着数字编码技术的发展，诞生了可以存储于硬盘的数字存储方式。

基于 PC 的 DVR 视频监控系统是早期数字监控的主要代表，以 PC 机为基本视频监控系统硬件，以通用 PC 操作系统为基本软件，配备图像采集或图像采集压缩卡，编制视频监控系统软件成为一套完整的系统。PC、DVR 各种功能的实现都依靠各种板卡来完成，如视频监视音频压缩卡、网卡、声卡、显卡等。

随着 TCP/IP 网络特别是以太网的出现，网络视频监控多采用局域网传输模式，网络摄像机、视频编码器、数字硬盘录像机等视频编码设备直接挂载到局域网上，用户通过网络上的客户端对监控点进行访问。局域网组网模式是最常见的数字监控组网模式，如企业内部监控、公安动态治安监控、校园内监控等都采用这种模式。

（三）互联网传输模式

随着安防项目在全国范围的深入开展，城市街道、机场、地铁、景区、社区监所等用户对于视频监控的覆盖范围、监控点数以及网络传输 I/O 等要求的不断提升，网络监控正在成为视频监控市场重要的拉动因素。

在大型的视频监控项目中，除后端显示设备之外，全部设备都在向 IP 化发展。从世界范围的发展趋势来看，在视频监控市场中，网络摄像机（IP Camera）以及网络存储等 IP 存储的出货量开始超过传统摄像机和硬盘录像机，成为市场增长的主推力。

随着监控点数量的不断扩大及点位的分散布置，对传输距离的要求也越来越高，局域网组网模式无法满足多区域、大规模的组网要求，从而使得借助电信运营商的公共互联网模式正逐渐被应用，从小企业的点对点监控到跨地区的企业监控等，甚至为节省建设成本，公共社会治安监控也借助互联网组网。利用互联网作为视频监控传输网络，视频监控终端的要求比较高，如何在网络的末端找到另外位于网络末端的监控设备是利用互联网实现视频监控的关键技术之一，网络视频监控平台的出现，很好地解决了这个问题。

三、终端环节

（一）视频监控中心

视频监控中心一般由大型控制台、大屏幕拼接电视墙和网络信号上墙解码器组成，根据需要可以设立多个分控中心，分控中心只要使用一台 PC 机远程登录到视频监控系统，输入合法的账号、密码便可以完成对应授权操作。中心室集中了图像信息的显示、存储、分配、合成、附加信息叠加等设备和系统控制（遥控）、远程传输（网络）等设备，是系统中技术含量较高的部分，主要功能有：

1. 显示图像

图像的实时显示监视是目前大多数图像系统的运行方式。视频监控系统采用固定显示、多图像组合显示、图像时序显示和报警触发切换显示等方式，用有限的监视器把大量的图像显示出来。

2. 记录图像

记录图像信息是视频监控系统的基本功能之一，除特殊要求外，系统不可能记录全部的图像信息，采用长时间记录、组合记录、报警前记录及报警触发记录等方式，记录有价值的图像信息，得到完整的图像信息是通用的方式。

3. 分配图像

通常中心室要向其他部门（分控中心、管理部门和共享资源的其他技术系统）传送图像信息，中心室具备图像信息管理和分配功能。

4. 系统集成

视频监控系统在实际应用中需要与许多其他技术系统进行技术和功能上的集成，也与其他环境管理系统实现图像资源的共享，即图像系统是一个开放的平台。

（二）主机房

主机房用来存放交换机、磁盘阵列以及各种服务器，是整个系统的核心所在。主机房集中了所有的终端设备，监控中心退化为一个调用图像的场所。

（三）存储设备

数字视频安防视频监控系统一般可以实现分布式存储，一部分视频可以存储在前端摄像机的 SD 卡或者现场附近的网络硬盘录像机中，但是重要的数据储存于视频监控系统主机房的磁盘阵列中。

（四）控制设备

数字视频安防视频监控系统使用大型集成管理平台，对系统进行统一管理，实现分布式多级分控，有效提高系统的综合处理能力，除了实现传统的模拟系统的视频监控、云台控制、报警联动功能外，合法授权用户还可以在任何时间、任何地点，在任意一台工作站登录集成管理平台，从而成为"临时的"副控中心，对系统进行监控和管理。

（五）视频解码器

视频解码器的作用和视频编码器正好相反，是一个能够对数字信号进行压缩或者解压缩的程序，或者被用来把网络上的摄像机数字信号转化为模拟信号，方便连接到 VGA 或者 BNG 接口的矩阵，以便在电视墙上显示。

四、视频监控机房设计施工注意事项

对于一个中大型安防视频监控项目，都要有一个对所有视频监控统一管理调度的监控机房，由物业或保安部门负责监管。视频监控机房应按照以下要求进行施工。

（1）考虑到监控机房的美观大方，监控机房应该采用吊顶设计，可以起到隐蔽线路的作用，防止灰尘掉落。

（2）对于大型监控机房，为了防止静电对监控后端设备的影响，安装防静电地板是必须的。机房安装防静电地板主要有以下几个好处：①使整个机房显得美观大方；②监控机房的设备线路可以在防静电地板下方布线，不留明线；③方便设备及线路维护。

（3）大型监控机房的主要目的是实现监控中心对前端监控设备的集中管理及调度，而电视墙和操作台是整个监控机房的核心部分。监控中心的操作人员可通过监控管理软件实现对任意一路视频的上墙操作。

（4）大型监控机房设备众多，由于设备散热很高，短时间内即可使整个监控中心温度升高，而这些设备长期在高温状态下运行容易导致设备故障，因此一套完善的空调调温系统也是必不可少的。正规的监控机房应该具备温控传感器及温度指示标记，保证机房设备在指定温度下正常运行。

（5）大型监控机房还应考虑到紧急供电解决方案，当监控机房出现紧急断电情况时，备用电源可及时启动，即能防止因突然断电对设备造成损害，又能保障监控系统在断电情况下仍能安全稳定运行，避免非法分子破坏供电系统而导致系统漏洞。在监控机房的设计过程中，应以保障设备正常运行为目的，充分考虑设备的散热及安全稳定运行。

项目三　视频监控的主要技术

视频监控技术的发展十分迅速，一方面系统达到了一个很高的水平，产品性能极大地提高、环境适应性越来越强、价格越来越低，另一方面又产生了许多新的概念、新的系统模式、新的产品和应用方式。

一、视频编解码和压缩技术

视频压缩技术不仅可以实现数字化存储和网络传输，更重要的作用是解决了目前的网络带宽较小和存储空间有限的问题。传统的视频压缩技术常常以牺牲图像质量为代价，去迎合储存量方面的限制，而网络传输方面也常常受到带宽的限制。

（一）视频编码技术

视频通常包含大量的数据，对通信传输带宽、数据存储容量等提出了很高的要求。以多媒体通信中常见的 GIF 图像格式为例，每幅 GIF 图像有 352×288 个像素点，如果对于每个像素的 R、G、B 分量都使用 8 bit 数据进行表示，则当帧速率为 25 fps 时，每秒 GIF 数字视频所占用的比特数为 352×288×3×8×25 = 59.4Mbit，而高清视频的数据量则达到了 1.2Gbps 以上，用于传输通信的网络带宽和存储的媒质容量都非常有限。如果在一张 DVD – ROM 中保存 PAL 制式的原始视频数据，则仅能保存不到半分钟的内容。因此，无论是存储、传输还是处理，数字视频都必须经过有效压缩才能具有实际使用价值，这就使得视频编码技术成为视频信号处理技术中的关键所在。

视频编码技术是面向通信的视频信号处理中的一项核心技术，其目的就是针对给定的图像序列，通过去除图像中的冗余，在保证一定重构视频质量的前提下，使用尽可能少的比特数对其加以描述，以利于在给定的通信信道中传输。数字视频信号中的冗余可以归为以下几类：

（1）时间冗余。视频信号本质上是一系列连续的图像，为了达到连续的视觉效果，视频的帧与帧之间的采样间隔很小，对于 25fps 的视频信号，其间隔时间仅为 0.04s。因此，相邻两幅图像之间也存在着很强的相关性，即时间冗余。

（2）空间冗余。构成图像的相邻像素之间具有较强的相关性，即这些相邻像素之间的像素值通常不会相差太大。各像素的数值可以由其邻近像素的数值预测出来，每个独立的像素所携带的信息相对较少，这种像素间的冗余被称为空间冗余或几何冗余。

（3）心理视觉冗余。在大多数情况下，视频编码系统的最终接收者是人类视觉系统。而人类视觉系统具有非均匀和非线性的特点。人类视觉系统并不是对所有的视觉信息都具有相同的敏感度。视频中的部分信息在通常的感知过程中与另外一些信息相比来说不那么重要，如图像信息在一定幅度内的微小变化是不能被人眼所感知的，上述这些特性可被认为是心理视觉冗余。

（二）数字压缩技术

数字压缩技术就是指在一定的压缩标准下，将模拟视频信号转变为数字信号，并将数据中的冗余信息去除掉。压缩技术包含帧内图像数据压缩技术、帧间图像数据压缩技术和熵编码压缩技术。数字视频具有多种相关性。如果能够去除由相关性所造成的各种冗余，便能够实现对原始视频信号的有效压缩。从早期的 M-JPEG 压缩标准到后来的 MPEG 系列标准和与此同时出现的 H.26X 系列压缩标准等，代表了视频压缩技术的不断成熟和进步。目前，最具代表性的两种压缩方式分别是 MPEG-4 和 H.264，虽然 MPEG-4 压缩技术比 H.264 成熟要早，但事实证明，H.264 确实具有更好的压缩率。

二、视频探测技术

（一）亮度探测

在模拟电视技术的基础上就已有进行亮度探测的产品，并得到应用。在一幅图像上开一个窗口，通过检波将其亮度电平积累、存储在电容器上，然后与系统设定的基准电平进行比较，当图像亮度电平的变化超过阈值时，产生报警。模拟视频设备不能进行存储，图像窗口的开设很不方便，因此，当时的探测设备功能很简单，效果也不好。

数字视频技术可以将图像存储，然后方便地读取设定窗口的图像亮度值，进行平均亮度的计算和多窗口设置，而且可以动态地设置基准电平，使系统实现对环境变化的自适应。所以使数字视频探测的真实性极大地提高了。

（二）运动探测

运动探测是指在监视区的图像上设定一系列窗口，反映监视目标的某一运动过程。真正的运动探测是通过检测亮度电平的变化，分析各窗口（探测区域）亮度变化的时序关系，然后做出报警的判断。当前市场上许多运动探测产品实际上是亮度探测，这也是利用数字视频技术在窗口设置、亮度值的算法和比对、阈值的设定和动态刷新方面的灵活性实现的。

（三）目标探测

上述两种技术实现的探测仍然是一种物理参数的探测，是一种利用摄像器件本身光电转换器件的功能，进行景物亮度这个物理量的探测，并没有利用图像技术的特点和优势。图像的特点在于包含监视目标的几何信息，目标探测通过利用该特点，分析图像、提取目标，对目标进行分类，分析目标的运动方式，进而产生探测结果，具有极高的真实性，是一种理想的防入侵报警探测手段。

（四）多维探测

图像是空间信息，但焦平面又把图像转变为平面信息。由于视频探测形成的探测区是空间的，监视目标若受到遮挡，会影响探测的结果。多维探测通过采用安装不同方位的多台摄像机，同时处理图像信号。将上述探测方式得到的结果进行综合分析，可以做到对目标的多方位监控，实现对特定空间和目标的完全监控。这种探测技术的应用环境相对开放，如在展室接待游人时使用，误报警率会很低。

（五）目标跟踪

结合上述的目标探测和运动探测，可以从图像中提取和识别目标的特征点，并分析其运动轨迹，产生运动矢量，然后用运动矢量去控制伺服机构，实现对运动目标的跟踪。摄像机可以实现对目标的特定过程的监视，如机场管理部门对飞机起降过程的监视。

（六）目标的分类和统计

采用上面的探测方式，对图像中的目标进行简单的分类，并对目标的运动方向做出判断，然后进行数据统计。这个系统可以用于对人流或车流的统计，对于交通管理系统的车流量监测和商业部门的消费者分析都是很有价值的。

三、视频监控技术发展趋势

视频数字化、监控网络化、系统集成化、管理智能化是近几年对视频监控管理系统发展的趋势。数字化是网络化的前提，网络化又是系统集成化的基础，视频监控系统研究发展的特点就是数字化、网络化和智能化。

（一）数字化

视频监控系统的数字化首先是系统中信息流（包括视频、音频、控制等）从模拟状态转为数字状态，信息流的数字化、编码压缩、开放式的协议，使各视频监控系统间实现无缝连接，并在统一的操作平台上实现管理和控制，这也是系统集成化的含义。

（二）网络化

视频监控系统的网络化将意味着系统结构由集总式向集散式过渡。集散式系统采用多层分级的结构形式，具有微内核技术的实时多任务、多用户、分布式操作系统，实现抢先任务调度算法的快速响应，组成集散式视频监控系统的硬件和软件采用标准化、模块化和系列化的设计，系统设备的配置具有通用性强等优点。系统的网络化在某种程度上打破了布控区域和设备扩展的地域和数量界限。系统网络化将使整个网络系统实现硬件和软件资源的共享以及任务和负载的共享。

（三）智能化

管理智能化是以计算机为控制中心，通过系统软件实现控制界面的可视化、控制环境的多媒体化，实现视频切换、音频切换、镜头云台控制、报警输入以及行动输出录像的智能化控制，进而达到对事件的分析、统计、处理，实现智能控制和智能管理的目的。

项目四　行业新动态

一、视频监控系统新应用

视频监控系统一直被用户看成是只能增加企业费用，不能给企业带来经济效益的产品。让视频监控系统能给企业增加效益是安防监控产品市场份额的新思路，这也是国内外安防企业正在探索的新思路。

随着视频监控市场需求的不断扩大，视频监控已从金融、交通、电力等部门及行业向多个领域（教育、医疗、工业、景区、娱乐场所）延伸，据前瞻产业研究院发布的《中国视频监控设备行业市场需求预测与投资战略规划分析报告》数据显示，预计到 2018 年将突破 100 亿美元。

（一）监控直播——"明厨亮灶"的升级版

一直被广泛好评的俏江南也被媒体曝出层层黑幕，用扫地的扫把直接刷炒菜的锅，用死鱼做招牌菜活鳜鱼，剩菜辣椒重复利用，厨师帮工不带口罩不用手套……而关于外卖商家的黑幕更是一直爆料不断，2016 年的"3.15"晚会曝光了众多问题，但今年依旧存在幽灵餐馆，公共厕所注册为餐馆等问题，庞大群众的用餐安全感被剥夺的所剩无几。虽然食药监部门倾尽全力，但也是有些力不从心，加上部分餐馆及外卖平台屡次被下令整改、被约谈，但仍屡次顶风作案，不思悔改，这就让餐饮安全问题的解决难上加难。虽然"明厨亮灶"工程已开展一年之久，但显然其成果是微乎其微的。

"明厨亮灶"是指餐饮服务单位（包括餐饮服务经营者及单位食堂）通过采用透明玻璃幕墙、隔断矮墙或参观窗口以及视频显示、网络展示等方式，公开展示重点区域、重要环节，实现阳光操作，主动接受公众监督。但多数企业还是没有意愿主动配合。

其实监控直播不仅是监督手段，也可以是口碑宣传手段。随着网络直播的火爆，直播逐渐成为人们休闲娱乐、社交互动的"无聊文化"，直播的实时性、可视性、互动性等优势都是其得以迅速发展的原因。如果将厨房监控用以直播，就可以使更多的潜在消费者关注餐饮单位，这样做不仅起到了监督作用和宣传的作用，还增加了趣味性和互动性。

2016 年饿了么外卖平台被曝光之后成为众矢之的，随后立即启动了"明厨亮灶"项目，一时间采购了近千台监控摄像机并由线下市场经理免费发放给武汉、北京、上海、广州、深圳等 7 个城市申请直播的餐厅，对后厨进行全程直播，消费者通过高清智能摄像机及云直播平台，可在手机端全程参与监督，对餐饮服务企业的卫生和服务进行评分，并对优质餐饮服务企业进行奖励。这一举动一时间受到人们的广泛好评，不仅规范了厨房卫生工作、满足了人们的好奇心，提升了人们的食品安全感，而且也为食药监分担了工作量，加强了监督力度。调查显示，消费者对较为了解的环境更具信任感，更愿意到相对熟悉的环境中消费。如果可以让更多的商家意识到这一点，"明厨亮灶"工程就可以更广泛地被推广和应用，就可以更轻松地保障人们的食品安全。

（二）监控直播二——景区的营销大使

随着我国工业化进程和城市化进程的加快，无论是人们的学习还是工作，都处在高度紧张的状态，城市周边的田园美景已经凝固成回忆，人们回归自然日渐成为一种渴望，同时随着人们生活观念的改变，景区旅游也就成了人们调节身心、放松心情的首选去处。根据《中国旅游景区发展报告（2016）》显示，游客消费需求呈现出由单纯的观光游向休闲度假类型逐渐过渡，游客在实际体验过程中还对景区的特色、文化以及舒适性、安全性提出了更多的要求，尤其是在景区安全事件频发的情况下，景区安防建设工作变得格外重要，那如何让已有的安防资源得以物尽其用？

如果可以把景区安防设备的画面通过门户网站、社交网站及直播 APP 实时展示出来，不论是景区的游客还是潜在游客，都可以在第一时间里掌握各景区内各景点的实际情况，比如，可观赏程度、天气状况、人流量、拥挤程度、排队用时等，同时游客之间还可以进行实时互动，交流信息。而且如果景区内出现紧急状况，也可以在第一时间里被关注和扩散，从而得到及时处理。

除此之外，景区监控直播还有一个潜在的作用，即景区营销。目前，景区宣传的手段无非是广告投放，比如海报、宣传片和广播广告，这些宣传手段虽然需要大量的资金投入，但其宣传效果甚微，原因在于，人们对于陈旧、千篇一律的内容产生审美疲劳，而且这些通过剪辑而成的、名不副实的宣传让人们味同嚼蜡，并对其真实性抱有质疑。监控直播之所以可以成为景区的营销大使，其优势不外乎其真实性、实时性及互动性。

"iPanda"熊猫频道于 2013 年 8 月 6 日由中国网络电视台与成都大熊猫繁育研究基地合作推出，节目组在基地内设置了 28 个摄像头，对大熊猫的生活动态进行 24 小时直播。虽然定位为一档电视节目，但"熊猫直播"看起来更像是视频监控的直播。观众能 24 小时从不同角度"近距离"看到熊猫吃饭、睡觉、打滚、卖萌，还能与文字直播员和其他观众互动，发表感受和看法。从只能通过电视、书本、去动物园了解熊猫，到现在随时可以看到熊猫的实时情况，熊猫直播开创了景区旅游一种新的可能，它将熊猫放到了更多人的眼前，也将更多的人变为"熊猫控"和熊猫守护者。而且熊猫频道的访问者中有一半是外国用户，更有外国媒体将其称为"数字化时代的中国'熊猫外交'"，可见其营销的成功性。好的方法值得被推广到更多的地方，希望一箭双雕的监控直播能够早日运用到更多的景区中。

（三）私装监控是否合法

楼上居民难忍深夜噪音袭扰，多次往大排档泼水、丢废品。大排档老板使出"狠招"，在空地架起一个高清摄像头监拍整栋楼。这一闹剧发生在安徽合肥当涂支路某小区，此事还惊动了辖区警方。居民们称，大排档老板的做法侵犯了居民隐私权。大排档老板称，如果部分居民能不再高空抛物，他愿立刻撤掉摄像头。私装监控探头监拍特定楼栋，是否侵犯了居民的隐私权？

大排档老板"私装监控"，本质是矛盾对抗的手段，很难称得上正当行为。无论谁安装监控，在满足特定需求的前提下，都必须对公民隐私表现出应有的谦抑原则，采取措施防止误伤情况的出现。

监控设施成为以暴制暴的工具，超出了监控本有的功能，这本身值得反思。大排档老板与周边居民的矛盾，并不复杂，这其实是城市公共生活空间、相邻权的冲突。居民用高空抛物的方式来回击大排档的噪音侵扰，固然是违法之举，会对无辜食客带来伤害，也牵连到商家，使商家蒙受赔偿损失，但大排档噪音扰民也是对居民正当权益的长期伤害。冲突的根源即在于此，而由此诱发的"私装监控"，则是以邻为壑心理的升级加码，无论私装的监控拆除不拆除，于根本解决矛盾并不具有实质意义。

诸如噪音、油烟、停车之类的扰民现象，在城市中比较普遍，相互权益交集的冲突，加剧了彼此心里的对立，反映在行为上则会出现各种泄愤与报复的相互伤害。解决好这些矛盾，恐怕需要进一步廓清城市公共空间，理清相互交集权益的界线、原则与完善优先保护的机制。相对而言，现有的法律法规所涉及的相邻权益的规定，还显得零碎、散乱，像噪音扰民之类的，大都由单一的行政管理来调节，对被侵害居民的保护作用比较有限，这也是每每发生类似问题，被侵害者不约而同选择暴力对抗的直接原因。显然，城市公共空间相邻权益亟待补齐法治综合调节的短板。

（四）视频监控系统大数据的应用

视频监控领域的大数据应用，主要体现在两方面：视频录像的集群存储和视频结构化数据的查询及信息挖掘。

1. 视频录像的集群存储

在面向大数据的架构中，可根据实际现场的部署需要，设立一个或多个集群组成，采集的流数据会被划分成段，并分布于数据集群节点，因为集群节点有内部进行多副本备份等机制，可以由软件技术来保证整体系统的高可靠性和高稳定性。这些数据节点可以采用廉价通用型的硬件，避免采用传统高端硬件的模式，能极大地降低投资成本。

关于录像文件的集群存储，国内云储存厂家多采用 CEPH 技术和 HDFS 技术的方式。以 HDFS 的方式举例，思路为：通过 HADOOP 提供的 API 结构，实现将接收到的视频流文件从本地上传到 HDFS 中。在这一过程中，把接收到的视频文件不断地存储到一个指定的本地临时文件夹中，而这个本地文件夹是在不断动态变换的，可以将该文件夹当成一个"缓冲区"，把"缓冲区"中的文件以流的方式上传到 HDFS 中。

2. 视频结构化数据的查询及信息挖掘

原始的视频图像是一种非结构化数据，它不能直接被计算机和上层应用软件读取和识别，为了让视频图像得到更好的应用，就必须对视频图像进行结构化的处理，提取出关键信息，并进行文本的语义描述，也就是视频结构化。

在一段视频里面，需要提取的关键信息主要有两类：第一类是运动目标的识别，也就是画面中运动对象的识别，是人还是机动车或者非机动车；第二类是运动目标特征的识别，也就是画面中运动的人、车、物有什么特征。行人特征主要有：是否戴眼镜、围巾、上衣、裤子，是否戴口罩、是否背包，性别等。机动车主要特征有：车牌号码、车身颜色、车型等。物体特征主要有：大小尺寸、颜色、方向等。

一个案件的审看需要更为广泛地查看相关的摄像机视频，所审看的视频量时常达到数百上千个小时。视频结构化提取技术对视频中运动的物体等进行提取，再通过软件进行检索和排除，这就能极大地提高办案效率。

二、监管场所视频监控系统建设新思路

（一）视频监控系统与移动侦测技术联动建设

在特定的场所，视频监控以人体为主，监控的目的就是防范场景中的人有异动，在监控画面上合理设置活动范围，对超过范围的活动自动报警并与视频联动，这样可以及时处理被监控人员的异常举动，从而减少和降低突发事件的发生概率，下图是以监管场所为例，预防处置斗殴事件的过程。

斗殴行为检测　　　　　　　　　　　　**触发联动告警**

成功处置案情　　　　　　　　　　　　**出动警力**

图3-1　监管场所斗殴检测及处置过程应用示意图

（二）视频监控系统与门禁系统联动建设

门禁出入口的视频会即时联动到监控屏幕，并自动录制出入口前后30秒的录像，这既便于监控又利于一旦报警可查询录像。

（三）注重视频监控系统与对讲系统联动建设

监管场所的每个监舍都安装对讲系统，目前系统处于"只闻声，未见人"的状态，将视频监控系统与对讲系统联动，可实现对讲按键一旦被按下，视频自动联动到对应的摄像头，能看清对讲人员和现场情况。

（四）注重视频监控系统与紧急报警按钮联动建设

视频监控系统与紧急报警按钮在没有联动的状况下，遇到紧急情况时，重点位置布置的紧急按钮被按下后，指挥中心不能看到报警现场的情况。如果联动视频监控系统与紧急报警按钮，紧急按钮被按下后，警报到达指挥中心的同时，现场视频画面自动跳出，指挥中心不仅"耳听"还能"眼见"。

（五）注重视频监控系统与周界防护、电子巡更等系统联动建设

周界防护的范围往往很大，一旦发生报警，为了核查报警点的具体位置，需要较长时间。建立视频监控系统与周界防护之间的联动，发生报警后，报警场所的视频立即跳到指挥中心的屏幕上，便于指挥；建立视频监控系统与电子巡更系统之间的联动，

值班人员可以在视频监控系统上实现电子巡更，节约人力，有效提高工作效率。

近年来，随着大量视频监控系统在公安业务中的广泛应用，视频监控已成为公安行业发展最快的业务。从视频录像中发现案件线索、追踪嫌疑目标的视频侦查已成为继刑侦、网侦、技侦之后侦查破案的第四大侦查手段，为侦破案件、打击犯罪、维护社会和谐稳定提供了有力的技术支持。通过建设视频侦查系统，利用一系列贴近实战应用的图侦技战法，帮助侦查人员在海量图像资料中快速准确全面地挖掘可疑线索和定位作案轨迹，从而缩短案件侦破时间，提升案件侦破效率。

（六）视频监控技术在侦查应用中的演示

犯罪嫌疑人利用机动车实施犯罪之后，以车辆为破案线索，对整个事件的过程可以简要概括为：创建案件→线索采集→目标查找→轨迹分析→研判报告等环节。

1. 创建案件

在平台上手动添加案件、修改案件信息。对案件信息进行登记，当班工作人员将已确认立案的信息予以记录，同时可上传人员、车辆、物品的图片与视频；利用平台，实现对采集来的案件事件信息资料的补充、研判报告的生成、相似研判和涉案资料管理、发布配置管理以及案件事件涉案点的定位排查功能。

2. 线索采集

从视频内容中快速提取价值信息，提高线索有效性；将原始视频中的活动目标提取出来，形成一段浓缩视频，使长时间的视频中的重要信息浓缩为短时间的视频，提高观看效率；输入一张车辆照片，可在海量卡口图片中根据外形特征检索出与其最相似的车辆。同时系统支持根据车辆的某一明显特征，通过对输入照片框选感兴趣的区域，进行精细检索，检索出与该部分特征最相似的车辆；人脸识别适用于步行街、商场出入口、安检口等人群聚集的地方，实现人脸检索。

3. 目标查找

图像侦查系统电子地图的业务功能包括警力调度，巡逻路线，全景追踪，GPS 轨迹查询，GPS 实时显示，车辆轨迹，关城门等。用户可以根据不同的需求来进行相应的操作。

4. 轨迹分析

车辆技战法以卡口、电警过车数据为基础，针对车辆的特征信息和驾驶行为提供各类研判工具，帮助办案人员从中甄别案件的有效线索信息。

5. 研判报告

侦查流程模拟化、侦查经验平民化、系统服务工具化；可视化图上作战、实战化视频应用、统一格式的信息库；为串并案侦查提供新的手段、侦查速度的提高、侦查质量的提升；深度的数据挖掘：实现对视频监控系统内的视频图像数据资源的深度挖掘；高度的应用融合：系统融合了人脸识别、车辆技战法、以图搜图、智能分析、视侦智能工具等多种应用功能于一体。

思考练习

1. 视频技术的主要特点有哪些？
2. 简述视频监控在安全防范领域的应用。
3. 简述视频监控系统的基本模式。
4. 简述视频监控系统的发展趋势。

学习单元四

出入口控制系统

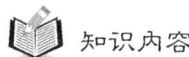 知识目标

了解出入口控制系统常用设备及其功能

了解出入口控制系统的连接与设置

能力目标

具备操作界面上显示的门禁设备的各种状态及动作信息的能力

具备对新用户进行分级授权并制定黑名单的能力

知识内容

项目一　出入口控制系统概述

出入口控制系统是安全防范技术领域的重要组成部分，是现代信息科技发展的产物，是人们对社会公共安全与日常管理的双重需要，是发展最快的新应用技术之一。《安全防范工程技术规范》（GB 50348）中对出入口的定义为：利用自定义符识别或/和模式识别技术对出入口目标进行识别并控制出入口执行机构启闭的电子系统或网络。通俗理解为：采用现代电子与信息技术，在出入口对人或物这两类目标的进、出是否放行、拒绝、记录和报警等操作的控制系统。

图 4 - 1　出入口控制功能示意图

出入口控制是对出入的人员和物品进行自动控制的技术，管理何人或何物于何时出入何地，实现对人的识别和对物的识别。人的识别分为人员编码识别和生物特征识别，物的识别分为物品特征识别和物品编码识别，如图 4 - 2。

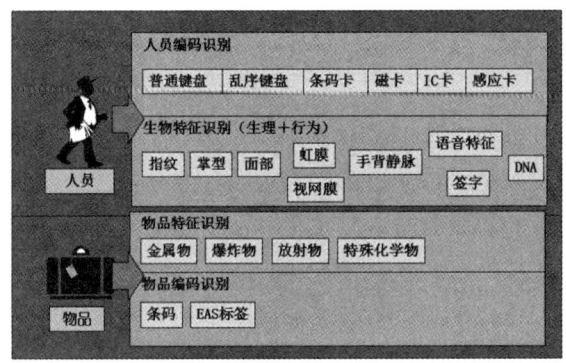

图 4 - 2　出入口控制系统对人员或物品的识别

出入口控制系统主要由识读设备、传输设备、管理、控制设备和执行设备以及相应的系统软件组成，如图 4 - 3 所示，系统有多种构建模式，可根据系统规模、现场情况、安全管理要求等进行合理选择。

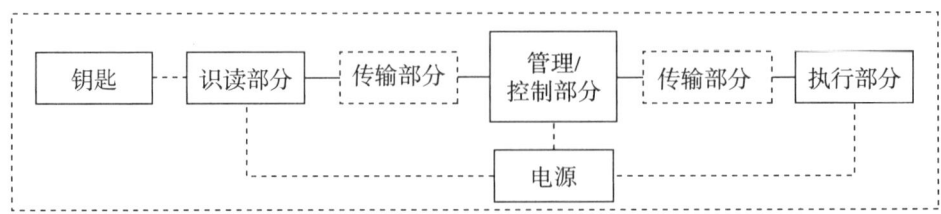

图 4 - 3　出入口控制系统示意图

项目二 出入口控制系统的识别技术

出入口识读技术是指出入口目标识读设备将提取出入目标身份等信息转换为一定的数据格式并传递给出入口管理子系统；管理子系统再与所载有的资料对比，确认同一性，核实目标的身份，以便进行各种控制处理。出入口识读技术包括对人员目标的识别技术和对物品的识别技术。

一、人员目标识读技术

人员目标识读技术分为生物特征识别技术、人员编码识别技术两类。

（一）生物特征识别技术

生物特征识别是采用生物测定（统计）学方法，通过拾取目标人员的某种身体或行为特征提取信息。常见的生物特征识别系统主要有：指纹识别、掌形识别、眼底纹识别、虹膜识别、人脸识别、语音特征识别、签字识别等。

生物特征识别技术具有的安全性和方便性两大特点，使其完全抛弃了传统的锁具、一般的密码及卡片式控制模式，真正达到了认识一个人的目的，而不是他所具有的一样东西（金属钥匙、电子卡片）和他所知道的一样东西（密码），解决了人卡分离、人卡不同的难题，其可靠性、安全性非常高。生物识别个人信息具有不会丢失（如卡片）、不会遗忘（如密码）、不会被窃、不用携带、不能借用、无法伪造等特点，从而增加了生物识别出入口控制系统的安全性和方便性。

1. 指纹识别技术

指纹是每个人特有的且终生不变的特征，和其他生物识别技术比较起来较容易被识别，指纹识别是目前使用最多的生物特征识别技术，包括指纹图像获取、提取特征和原存储的特征信息比。指纹识别设备小，使用方便，识别速度较快，但操作时要求人体接触识读设备，配合程度较高，如图 4-4 所示。指纹比照通常采用特征点法，抽出指纹上的山状曲线的分歧点或指纹中切断的部分（端点）等特征来识别。特征点是一个三维向量，包含了位置和方向等信息。法律规定拥有 12 个相同特征点的两个指纹为同一指纹。但是为了安全起见，实用装置采集比对的特征点甚至超过 100 个。在特征点法的识别中，手指按压或流汗、指纹线的愈合和伤痕对识别影响不大。登录的指纹数为 2000 枚左右的指纹机，在与输入者个人标识码并用时，读取判定时间在 1 秒以内，误判率在 0.1% 以下，图 4-5 为指纹识别技术工作原理图。

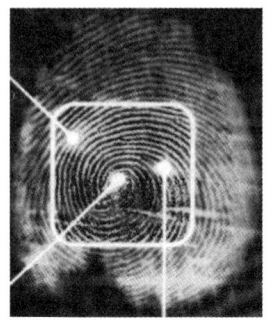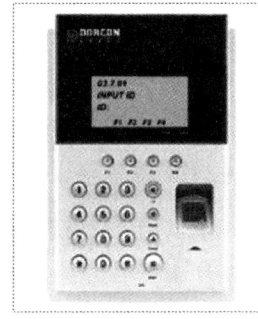

图 4-4　指纹识别仪

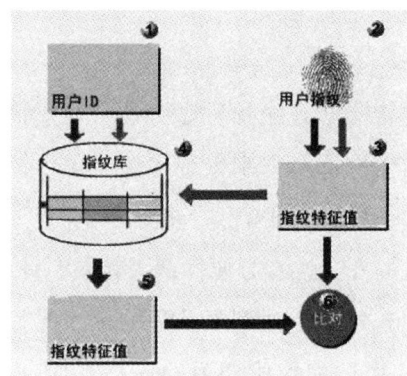

图 4-5　指纹识别技术工作原理图

2. 掌形识别技术

掌形识别是通过测试手掌的形状、手指的长度、手掌的宽度及厚度、各指两个关节的宽度与高度等，将数据综合为特征值存储在用户模板中的技术，如图 4-6 所示。目前的掌形识别设备识别速度较高、误识率较低。每个人的手形都不一样，以三维空间测试手掌的形状、手指的长度、手掌的宽度及厚度、各指的两个关节的宽度与高度等进行识别。掌形识别系统大量用在大型建筑工地。

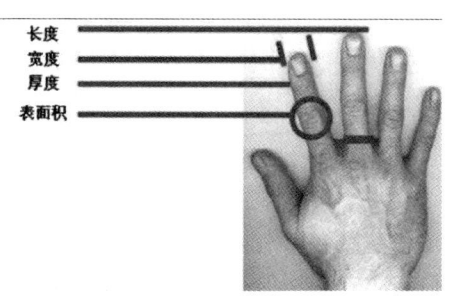

图4-6　掌形识别技术原理与实物图

3. 眼纹识别技术

（1）视网膜识别系统。装置发出一束强度极低的红外光，透过人眼，对视网膜血管进行扫描，获得有关图像信息。然后将这些信息转换成数字信息，由计算机将它们同存贮在数据库里的信息进行比较，如相符即准许进入，否则报警。其不足之处在于当睡眠不足导致视网膜充血、糖尿病性视网膜病变或视网膜剥离时，无法正确比对，并且光源对眼睛会有不同程度损害。

（2）虹膜识别系统。虹膜特征是每个人特有的，一个人的虹膜在发育成熟后终生不变，存在于眼的表面（角膜下部），是瞳孔周围的有色环形薄膜。眼球的颜色由虹膜决定，不受眼球内部疾病的影响。读取装置主要是通过摄像机进行工作，只要眼睛正视摄像头就可完成信息读取，不需要接触识读设备，但需要人体配合才能识别，误识率很低。

另外，摄像机在距离1厘米左右拍摄，比照时的阻碍非常少，个人资料256位，可达到误判率十万分之一以下的高精确度。在眼睛上贴眼球相片的伪造者，也会在眼线转动测试中被发现。

4. 人脸识别技术

人脸识别技术的研究开始于20世纪60年代，80年代后随着计算机技术和光学成像技术的发展得到提高，在90年代后期进入初级的应用阶段。随着深度学习的兴起，充分考虑各个场景应用需求，人脸识别技术在近年来真正走向实用，开始呈现出向更多领域广泛应用的趋势。

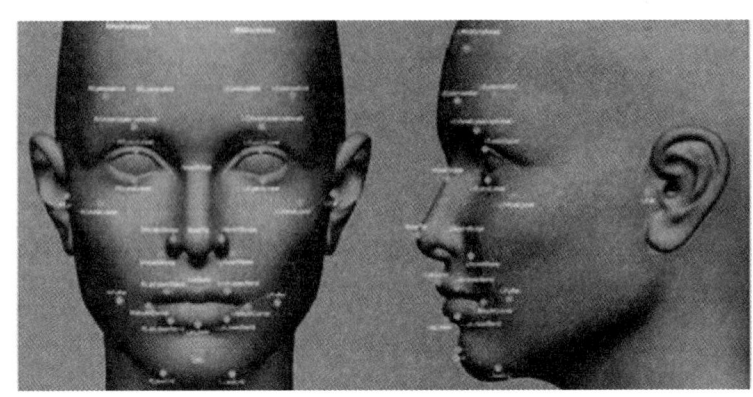

图 4 - 7　人脸识别技术应用

脸是分辨人有效的方法之一，识别的特征包括眼、鼻、口、眉、脸的轮廓（头、下巴、颊）的形状和相关位置关系，以及脸的轮廓阴影等。人脸识别根据人类自身最常用的识别他人方法，通过现代信息技术，将摄像机捕捉到的人脸图像进行分析、抽取特征。该技术采用主动方法，使要求目标配合的程度降到最低。非接触的信息采集相对于指纹、掌形等接触式采集系统，更易被使用者接受，更安全、卫生，如图 4 - 8 所示。

随着技术的进一步成熟，人脸识别必将在未来智慧政务、智慧安防、智慧交通、智慧金融、智慧教育、智慧医疗、智慧旅游、智慧购物等智慧城市的诸多领域发挥越来越重要的作用。人脸识别技术在智慧城市中的应用包括：

（1）养老金领取管理。随着养老金社会化发放工作的全面展开，退休金的冒领问题也日益突出，社保机构很难管理到离退休人员的健康以及生存状况，冒领情况严重，造成全国每年退休金的流失总数高达十亿元。利用人脸识别技术可以有效地进行人员核对，减少养老金的流失。

（2）办税认证系统。在基层税务机关，经常出现冒用他人身份证开具免税发票的现象，造成税收流失，也导致免税发票代开终端前整日人满为患，正常纳税人排队等候时间过久。通过人脸识别技术，系统自动将镜头摄取人像同公安部门身份信息中的人像进行比对，实时完成实名认证。这不仅有效缓解了窗口办税人员的压力，提升了办税效率，还增强了实名制办税体验，降低了涉税风险。

（3）疑犯追踪系统。基于人脸识别技术，对长途客运站、火车站等公共场所进行监控，将视频中的人脸与疑犯数据库进行比对，一旦疑犯在人群中被识别出来即刻报警。这就大大减轻了管理人员的工作负荷，提高了抓捕效率，增加了城市的安全性。

（4）社区管理系统。在智慧城市中，以城市中最小的单元社区为例，通过非配合式人脸识别，可以帮助物业管理部门在访客管理、物业通知（水电费通知、车库信息等）等方面为业主提供更加友好自然的生活体验。

（5）楼宇门禁系统。人脸识别智能门禁系统通过构建具有智能化管理功能的身份识别系统，结合先进的人脸识别算法，能精确、快速地识别人脸并打开门禁，提高了楼宇、家庭的安全性。

（6）考生身份验证管理系统。立足考试行业的特殊需求，集计算机、通信、网络、人脸识别技术、数据库等多元化技术为一体的应用系统项目，为考试机构提供考生身份证信息提取、身份验证、管理等功能，构建更为高效、公平的考试环境。

（7）驾驶学员的身份信息认证和安全驾驶管理系统。包括到场验证、学员身份认证、上车下车签到、驾驶时间的控制等。

（8）智能膳食管理系统。系统在学生打饭时进行人脸识别，记录学生每天选购的菜品，根据医院体检结果给出膳食调整意见，对于学生单次浪费食物超过30%的情况予以记录，不断优化菜品和调整学生饮食结构。

（9）商业智能分析系统。实体商业中，目标客户的引流以及精准营销成为商业成本的重要支出，传统被动式的商场标识、人工推送和导购等手段效率的下滑，让以人工智能为核心的精准营销成为商业新的增长点。一方面，人脸识别系统能充分利用机器对人脸的特征识别和归纳能力，将客户的性别、年龄、心情等作为商业需求的对应特征，针对性地实时推送客户感兴趣的内容，为商家进行目标客户群导流和精准营销；另一方面，通过对不同人群的兴趣内容的观察和学习，逐步提升对目标人群推送内容的匹配精准度。

5. 声音识别技术

声音识别系统是利用每个人所特有的声音为识别条件。声音中可用于识别的特征包括声波包络、声调周期、相对振幅、声带的谐振频率等。将被检测人的声音特征与事先早已注册的样本进行对比即可进行识别。但声音特征可受感冒及环境噪声等的影响发生错误判断，另外好的录音有可能蒙骗该系统。

6. 签名识别技术

签名识别，也被称为签名力学辨识，源于每个人都有自己独特的书写风格。签名鉴定分为在线签名鉴定和离线签名鉴定两种。前者是通过手写板采集书写人的签名样本，除了采集书写点的坐标外，有的系统还采集压力、握笔的角度等数据；后者是通过扫描仪输入签名样本。显然，离线签名比较容易伪造，识别的难度也比较大。而在线签名由于有动态信息，不容易伪造，目前，识别率可以达到一个比较满意的程度。

签名鉴定的难度在于，由于人类书写动力定型并非固定不变，签名的动态变化范围很大，单单从字形上，有时可能无法区分真实签名和伪造签名。

对于信用卡，一般都使用签名来确认持卡人身份，只判别笔迹关系来判别是否伪造签名会有困难。生物辨识系统利用笔顺、笔运、笔压等来识别，已被实际运用，比照一个签名的时间为 0.1 秒。

（二）人员编码识别技术

人员编码识别技术是通过编码识别装置，直接提取目标人员的个人编码信息。常见的人员编码识别系统有：普通编码键盘、乱序编码键盘、条码卡识别、磁条卡识别、接触式 IC 卡识别、非接触式 IC 卡（感应卡）识别、二维码识别等。

1. 条码卡

条码是将线条与空白按照一定的编码规则组合起来的符号，用以代表一定的字母、数字等资料。在进行辨识的时候，是用条码阅读机（条码阅读机又称条码扫描器、条码扫描枪或条码阅读器）扫描，得到一组反射光信号，此信号经光电转换后变为一组与线条、空白相对应的电子讯号，经解码后还原为相应的文字、数字，再传入电脑。将黑白相间的一维或二维条码印刷在 PVC 或纸制卡基上就构成条码卡，就像商品上贴的条码一样，成本低廉，但条码易被复印机等设备复制，条码图像易褪色、污损，一般不用在安全要求高的场所。条码卡技术广泛应用于商业、邮政、图书管理、仓储、工业生产过程控制。

2. 磁条卡

将磁条粘贴在 PVC 卡基上就构成磁条卡，其成本低廉，但易被复制，易消磁和污损，磁条读卡机磁头易磨损，对使用环境要求较高，常与密码键盘联合使用，提高安全性。

磁卡是一种卡片状的磁性记录介质，利用磁性载体记录字符与数字信息，用来标识身份或其他用途。磁卡由高强度、耐高温的塑料或纸质涂覆塑料制成，防潮、耐磨且有一定的柔韧性，携带方便、使用较为稳定可靠。磁卡使用方便，造价便宜，用途极为广泛，可用于制作地铁卡、公交卡、门票卡、电话卡、电子游戏卡、车票以及各种交通收费卡等。今天在许多场合我们都会用到磁卡，如在食堂就餐，在商场购物，乘公共汽车，打电话，进入管制区域等等。

3. IC 卡

IC 卡，也称智能卡、智慧卡、微电路卡或微芯片卡等。它是将一个微电子芯片嵌入符合 ISO 7816 标准的卡基中，做成卡片形式。IC 卡与读写器之间的通讯方式可以是接触式，也可以是非接触式。IC 卡与磁卡是有区别的，IC 卡是通过卡里的集成电路存储信息，而磁卡是通过卡内的磁力记录信息，IC 卡的成本一般比磁卡高，但保密性好。

IC 卡由于其固有的信息安全、便于携带、比较完善的标准化等优点，在身份认证、银行、电信、公共交通、车场管理等领域正得到越来越多的应用，例如二代身份证，银行的电子钱包，电信的手机 SIM 卡，公共交通的公交卡、地铁卡，用于收取停车费的停车卡等，都在人们日常生活中扮演重要角色。

4. 二维码识别技术

二维条码/二维码（2 - dimensional bar code）是用某种特定的几何图形按一定规律在平面（二维方向上）分布的黑白相间的图形上记录数据符号信息的技术。在代码编制上巧妙地利用构成计算机内部逻辑基础的"0""1"比特流的概念，使用若干个与二进制相对应的几何形体来表示文字数值信息，通过图像输入设备或光电扫描设备自动识读以实现信息自动处理。它具有条码技术的一些共性：每种码制有其特定的字符集；每个字符占有一定的宽度；具有一定的校验功能等。同时还具有对不同行的信息自动识别及处理图形旋转变化点的功能，如图 4 - 8。

图 4 - 8 二维码

二、物品目标识读技术

物品目标的识别分为物品特征识别技术、物品编码识别技术两类：

物品特征识别技术是通过辨识目标物品的物理、化学等特性，形成特征信息，如金属物质识别、磁性物质识别、爆炸物质识别、放射性物质识别、特殊化学物质识别等。这部分内容放在后面防爆安全检查系统中，此处不再赘述。

物品编码识别技术通过编码识别装置，提取附着在目标物品上的编码载体所含的编码信息，包括一件物品一码及一类物品一码两种方式。

常见的是应用于超市防盗的电子系统（Electronic Article Surveillance System），简称 EAS 系统。

1. EAS 系统的组成及其工作原理

EAS 系统由电子感应牌（或标签）、解码器（或拔除器）和探测器组成。电子感应牌被预先附加于商品上，解码器是用来使附在商品上的电子感应牌失效的装置，而探测器则是安装在商场各出口通道处的电子传感装置。

特制的防盗软、硬标签分别安放在被保护的商品上，检测门安装于顾客通道出口。付款时，解码器自动解码，使标签失效。未付款的商品通过出口处的检测门时，未经解码，系统发出报警声。

2. 磁化材料 EAS 系统

声磁系统：采用机械振荡原理，检测门产生强磁场。该系统使用的标签内有只金属簧片，利用簧片震动引起的特殊振荡频率来判别商品是否付款。已付款的商品充磁使簧片相吸、无法振荡。

磁性标签：顾客交款，磁性标签与专用的磁垫接触，使标签消磁，出口探测器不会发出报警信号。而对于未被消磁的磁性标签，发出报警信号。

3. 微波 EAS 系统和射频 EAS 系统

该系统采用无线射频技术，防盗标签通过电场产生谐振波，系统通过检波来识别标签产生的谐振波而决定是否报警。检测门（检测器）由发射机、发射天线和接收机、接收天线所组成。发射与接收两部分以适当的间距被固定在出入口的两边。付款，硬标签取下，纸标签失效，不会发出报警信号。未付款的商品在通过检测门时，就会触发报警设备。该系统具有以下特点：

（1）灵敏度极高，检测成功率接近 100%；

（2）隐蔽性好、伪装性强；

（3）使用方便、工作效率高，解码采用非接触式脉冲技术，将标签的介质层在 0.4 秒之内击穿。和收款机的激光扫描器结合使用，标签解码与商品读码、计价同步进行，解码、读码、计价一次完成；

（4）安装容易。

项目三　出入口管理/控制、执行部分

出入口控制系统的管理/控制设备是整个系统的核心，通常是安装在现场的，管理/

控制部分向下承担着识读设备、执行机构、门状态、报警设备等的管理和控制工作，向上通过通信网络连接到控制中心的电脑，实现数据上传，达到电脑联网控制甚至全局联动的目的。

一、出入口管理/控制部分的基本功能

（1）出入口控制系统人机界面；

（2）负责接收从出入口识别装置发来的目标身份等信息；

（3）指挥、驱动出入口控制执行机构的动作；

（4）出入目标的授权管理（对目标的出入行为能力进行设定），如出入目标的访问级别、出入目标某时可出入某个出入口、出入目标可出入的次数等信息；

（5）出入目标的出入行为鉴别及核准，把从识别子系统传来的信息与预先存储、设定的信息进行比较、判断，对符合出入授权的出入行为予以放行；

（6）出入事件、操作事件、报警事件等的记录、存储及报表的生成，事件通常采用 4W 的格式，即 When（什么时间）、Who（谁）、Where（什么地方）、What（干什么）；

（7）系统操作员的授权管理，设定操作员级别管理，使不同级别的操作员对系统有不同的操作能力，还有操作员登录核准管理等；

（8）出入口控制方式的设定及系统维护，单识别或多识别方式选择，输出控制信号设定等；

（9）出入口的非法侵入、系统故障的报警处理；

（10）扩展的处理功能及与其他控制及管理系统的连接，如考勤、巡更等功能，与入侵报警、视频监控、消防等系统的联动。

二、出入口管理/控制设备的特点

（一）管理/控制设备的硬件结构

联网型出入口控制系统普遍采用中心管理计算机对系统进行授权与设置，前端现场控制器实时执行管理控制功能。简单功能的现场控制器主要采用 8 位单片处理器进行管理，复杂一些的采用 16 位单片机甚至 32 位 RTSC 指令的高速 CPU。为保证控制器断电时信息不丢失，该系统普遍采用静态存储器 SRAM 存储授权和事件信息，并由 3 伏锂电池提供应急数据保持，也有个别小系统采用 EEPROM 存储的。硬件看门狗电路是标准配置，其作用是保证工作异常时不死机。一般内置有时钟计时电路。所有外围

接口都设计有保护电路，以适应复杂的安装和使用环境。供电系统有时设计为两个，其中一个提供给控制器主板工作使用，另一个提供给电控锁等大电流电感部件使用，使电磁冲击干扰降到最低程度。在大型系统中，一般还有网络控制器负责连接、管理下层的多台现场控制器，以减少管理电脑对设备的轮巡时间。

（二）信息及控制接口

现场控制器与出入口管理服务端的数据接口的形式以 RS－485/RS－422 为主，也有采用以太网接口的现场控制器。大多数现场控制器与执行设备的接口采用继电器干接点的方式，方便大电流执行部件的控制操作。

（三）出入口控制软件

在联网型出入口控制系统中，运行在中心计算机上的管理软件提供人/机界面，负责授权、管理及实施远程控制，其客户端有 C/S 结构部署的，也有 B/S 部署的。大型系统还设置双机备份模式，以提高可靠性。有些软件不但能实现电子地图、门禁、停车场、考勤、在线巡更、报警等功能，还能与 DVR 等视频设备实现联动。支持远程、多组团、跨时区的出入口管理软件已经出现，出入口控制系统的软件正朝着安防集成平台迈进。

三、出入口执行设备

出入口控制执行机构接收从出入口管理子系统发来的控制命令，在出入口做出相应的动作，实现出入口控制系统的拒绝与放行操作，主要有闭锁部件、阻挡部件、出入准许指示部件三类产品。闭锁部件主要指各种电控、电动锁具；阻挡部件主要指各种电动门、升降式地挡（阻止车辆通行的装置）等设备；通行或禁止指示灯等属于出入准许指示部件。

项目四　出入口控制系统的主要技术要求和指标

一、防护级别

出入口控制系统的防护等级可根据《防盗报警控制器通用技术条件》（GB 12663）、《外壳防护等级（IP 代码）》（GB 4208）和《机械防盗锁》（GA/T73）的相关技术要求，分为普通防护级别（A 级）、中等防护级别（B 级）和高防护级别（C 级）三级。

二、授权

通过设置，可对每个出入目标能通过的出入口、通过的时间段、通行次数进行严格管理，使有通行权限的目标在通过出入口时系统予以放行，否则予以拒绝并向系统发出报警信息。目标的授权既可单独进行，也可成批量进行。还可以对目标的有效期进行设置，当超过有效期时，系统自动禁止该目标通行。

三、误识与拒认

误识和拒认是两个完全不同的概念，误识是指系统把一个目标的信息识别为另外一个目标的信息，结果可能是误识进入，也可能是误识拒绝，误识常用误识率表示。拒认是指系统对系统的目标识别时不能得到目标信息，而造成识别失败，拒认通常用拒认率表示。误识率与拒认率越低越好。

假设某出入口对 A、B 和 C 三个目标进行识别，A 和 C 目标有通过的权限而 B 目标没有权限。

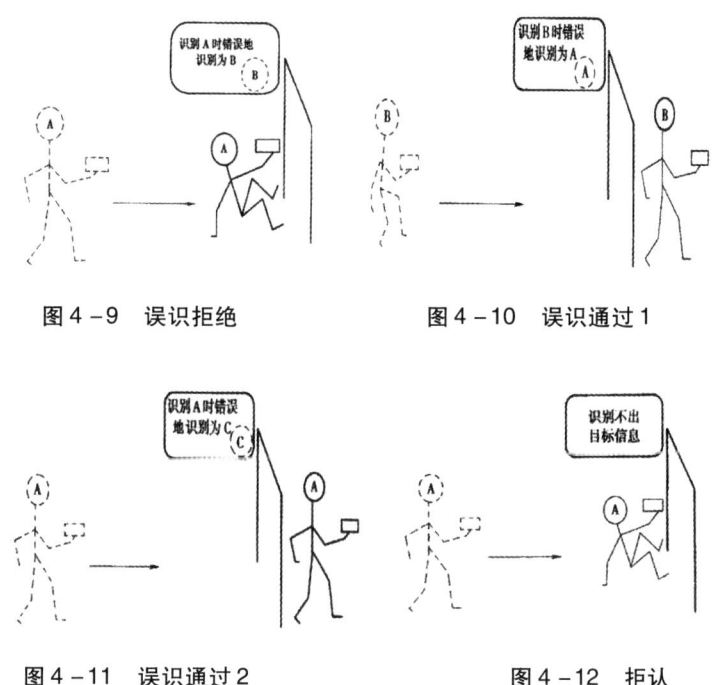

图 4-9　误识拒绝　　　　　图 4-10　误识通过 1

图 4-11　误识通过 2　　　　　图 4-12　拒认

若系统识别 A 时错误地识别为 B，使 A 不能通过，就叫误识拒绝，如图 4-9 所示。

若系统识别 B 时错误地识别为 A，使 B 通过，就叫误识通过，如图 4 - 10 所示。

若系统识别 A 时错误地识别为 C，使 A 通过，也叫误识通过，如图 4 - 11 所示。

若系统识别 A 时识别不出目标信息，使 A 不能通过，就叫拒认，如图 4 - 12 所示。

四、响应时间与计时

（一）响应时间

（1）系统的下列主要操作响应时间应不大于 2 秒。

在单级网络的情况下，现场报警信息传输到出入口管理中心的响应时间；

除工作在异地核准控制模式外，从识读设备获取一个目标的完整信息始至执行设备开始启闭出入口动作的时间；

在单级网络的情况下，操作（管理）员从出入口管理中心发出启闭指令始至执行设备开始启闭出入口动作的时间；

在单级网络的情况下，从执行异地核准控制后到执行设备开始启闭出入口动作的时间。

（2）现场事件信息经非公共网络传输到出入口管理中心的响应时间应不大于 5 秒。

（二）系统计时的问题

1. 系统计时

系统与事件记录、显示及识别信息有关的计时部件应有计时功能。在网络型系统中，运行于中央管理主机的系统管理软件每天都会向其他的现场控制器等与事件记录、显示及识别信息有关的各计时部件自动计时。

2. 计时精度

非网络型系统的计时精度不低于 5 秒；网络型系统的中央管理主机的计时精度不低于 5 秒；其他的与事件记录、显示及识别信息有关的各计时部件的计时精度不低于 10 秒。

绝对计时的准确性，代表了系统时间与标准时间（如北京时间）误差的大小。相对计时的一致性，体现了一个系统中多个带有独立计时功能的设备之间计时差异。因为各个带有独立计时功能的设备在采集某一个目标的出入事件信息时，会将其时间信息附加在该信息上，这样会形成该目标在系统内的行动轨迹。一旦相对计时的一致性存在差异，系统会给出错误的结果。

五、信息的保存

出入口控制系统除能保存各授权目标的信息外，还能对各种系统操作信息、操作员授权信息、事件信息等进行保存。对于联网型出入口控制系统，信息不但保存在出入口管理主机上，在前端出入口现场控制器中也会保存对应出入口目标的授权信息及出入事件、报警等信息。

事件记录应包括时间、目标、位置、行为，其中时间信息应包含年、月、日、时、分、秒，年应采用千年记法。现场控制设备中的每个出入口记录总数：A 级不小于 32 条，B、C 级不小于 1000 条。中央管理主机的事件存储载体，应能存储不少于 180 天的事件记录，存储的记录应保持最新的记录值。经授权的操作（管理）员可对授权范围内的事件记录、存储于系统相关载体中的事件信息进行检索、显示和打印，并可生成报表。

与视频监控系统联动的出入口控制系统，应在事件查询的同时，能回放与该出入口相关联的视频图像。

六、系统鉴别与控制能力

系统从识读设备得到目标信息后与事先存储的该目标授权信息比对，完成对该目标的鉴别工作，对符合放行的目标，系统还将进一步根据该出入口的控制模式再次判定，驱动执行设备工作，完成起、闭动作。不同的控制模式代表不同程度的控制能力，下面介绍几种常见的控制模式，可以单独使用，也可联合设置。

（一）目标防重入控制

目标防重入有时也称防返传（Anti pass - back），启用该功能时，目标被严格限制为按规定顺序出入，防止一张卡（编码介质）带多个目标通行的可能。

（二）多重识别控制

多重识别控制是在一个出入口必须对两个或两个以上的具有通行权限的目标同时（或短时间内按顺序）进行识别后方能通行的一种控制模式，常用于库房等需要多人同时进入的特殊场所。

（三）复合识别控制

复合识别控制就是对单一目标采用两种或两种以上的识别方法识别后才能通行的一种控制模式，例如读卡输入＋个人密码、读卡＋指纹等，这样能避免因卡（编码介质）丢失带来的安全隐患，提高了安全性。

（四）异地核准控制

异地核准控制就是在远离被控出入口的地方（通常是控制室）增加二次复核开启机制。当目标在该出入口正常识别后，出入口并不开启，而是将该目标请求开启的信息显示在远端的出入口控制显示屏上，由远端的操作员借助其他复核手段（比如视频监控画面）进行二次复核，给出放行或拒绝的控制指令。该种控制模式，增加了犯罪分子的作案难度（起码必须攻破两个点），提高了安全性，常被用于银行、金库等场所。

七、系统控制出入能力

（一）通过率

通过率也就是出入口在单位时间内允许通过目标数量的能力，不仅与系统对目标的鉴别时间、执行部件的响应速度有关，还与识别方式、被控对象（如门体等）的起闭速度、通道宽度及形式等因素有关，单一从系统鉴别目标的时间来衡量通过率是很不准确的。

（二）防非法目标闯入的能力

出入口控制系统的一个最重要的功能就是对非授权目标的拒绝，对于不同的安全与管理要求，应采用不同的手段，设备防护级别与执行设备的防护等级对应。

（三）防尾随能力

尾随是指当已被授权的目标通过出入口时，其他的未经识别目标跟随其通过的一种行为。当系统在应用中确实需要防尾随功能时，可根据现场的实际情况和工作性质选择系统配置方案。如在银行的重要场所设置联动互锁门（防尾随门），当授权目标通过第一道门后，必须将其关闭才能打开第二道门；在人员通行量较多的地铁通道、超高层写字楼的大堂设置多台速通闸机，保证一次读卡开闸只能通过一个人。

（四）防破坏与防技术开启能力

"防破坏"不能视为"防止设备被破坏"，而应是设备的防护面遭到破坏性攻击时，出入口不被开启的能力。

项目五　常用的出入口控制系统

一、门禁系统

门禁系统，是常见的出入口控制系统的具体应用，是一种管理人员、物品进出的智能控制系统。门禁系统还具有接入安全报警、电视监控、电子巡查等功能。常见的门禁系统有：使用密码认证通行的门禁系统，使用非接触 IC 卡认证的门禁系统，指纹、虹膜、掌型、手指静脉等生物识别门禁系统等。

（一）门禁系统的组成

门禁系统由门禁控制器、身份识别单元、电锁与执行单元、传感与报警单元、线路与通信单元、管理与设置单元组成。门禁控制器是门禁系统的核心，负责信号的处理、控制，存储相关卡号、密码，担负运行和处理的任务；身份识别单元是门禁系统重要组成部分，对目标人员的身份进行识别和确认，识别方式有卡证类、密码类、生物特征识别类等；电锁与执行单元包括锁具、三辊闸、挡车器等；传感与报警单元包括各种传感器、探测器和按钮，目前最常用的是门磁和出门按钮；线路与通信单元的控制器应支持多种联网通信方式，如 RS - 232、RS - 485 或 TCP/IP 等；管理与设置单元主要指门禁系统管理软件，对不同用户进行授权和管理，门禁系统工作示意图如图4 - 13 所示。

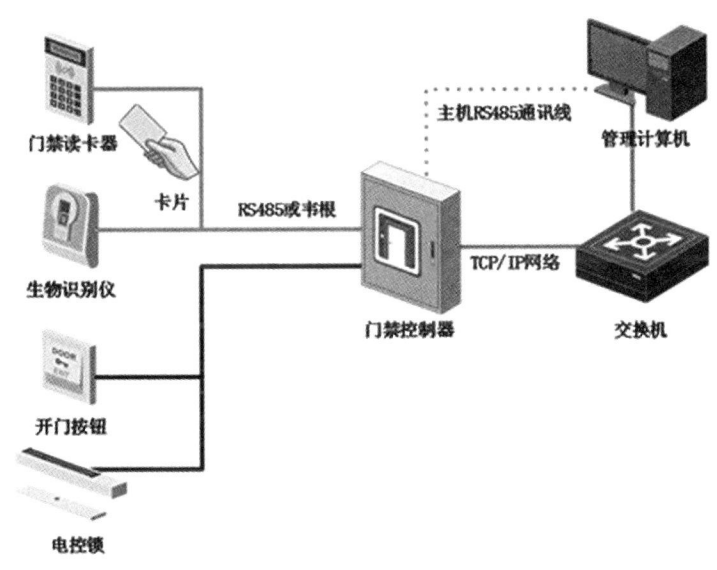

图 4 - 13　门禁系统工作示意图

（二）门禁系统的工作过程

识别卡插入或接近读卡器时，读卡器将识别卡的信息传输给控制器。控制器进行数据比对，根据卡号、当前时间、内部数据库等判断该卡是否有效，并控制开锁，同时存储卡号、登录时间、有效/无效等信息。

（三）门禁系统的基本功能

（1）对通道出入权限的管理功能；

（2）实时监控功能；

（3）异常报警功能；

（4）存储功能；

（5）集中管理与出入记录查询功能。

二、楼宇（访客）对讲系统

在所有小区智能化系统建设中，最为普及并与居民生活紧密相关的应该是楼宇对讲系统和家庭防盗报警及紧急求助系统。在早期的智能小区建设中，由于楼宇对讲系统和防盗报警系统的生产厂家都较为独立，系统也没有考虑太多的集成，小区基本上都采用的是多个厂家的产品，而目前市面上多种带报警功能的楼宇对讲系统已经面世。由于报警系统无论在技术复杂程度、可靠性、可操作性、作用上都有特殊性，传统的报警器应与楼宇对讲系统统一设计，并结合在一起在智能小区中大批量推广使用。

（一）楼宇（访客）对讲系统的设备功能

根据安全管理的需要，楼宇（访客）对讲系统的功能可分为基本功能和扩展功能。

1. 基本功能

（1）选呼功能：门口机和中心管理机应能正确选呼相应的室内机，并能听到应答提示音。

（2）呼叫功能：门口机应能正确呼叫中心管理机，并能听到应答提示音；室内机应能正确呼叫中心管理机，并能听到应答提示音。

（3）通话功能：经选呼或呼叫后，能实现双向通话。

（4）电控开锁功能：经操作，室内机和中心管理机能控制门口机实施开锁。

（5）可视功能：可视门口机呼叫可视室内机后，在可视室内机的显示器上能看到由可视门口机摄取的图像；可视门口机呼叫中心管理机后，在中心管理机的显示器上也能看到由可视门口机摄取的图像。

（6）夜间摄像头补光及操作功能：可视门口机能提供摄像补光、键盘照明的功能，以便来访者夜间操作和用户识别来访者。

2. 扩展功能

报警功能：具有报警功能的产品或系统，能将门磁、空间移动探测器等接入室内机，实现报警功能。报警信号可在室内机以及中心管理机上得到响应。有报警功能的系统有设置警戒和解除警戒、对接入的报警探测器发出的报警信号提供瞬时报警、防拆防破坏报警的功能。

图像录放功能：系统可拍摄并存储访客的图像，在可视室内机和中心管理机的显示器上可查看拍摄存储的访客图像。

留言功能：系统能对访客进行留言存储，在室内机上可提取访客的留言。

信息发布功能：系统可通过中心管理机向可视室内机发送图文信息，在可视室内机上可查看相应的图文信息。

门禁识别控制功能：在门口机上可通过对卡片特征信息、生物特征信息的识别，实现对人员出入的控制管理。

（二）典型报警系统联网方式

目前市面上报警系统有采用电话线、总线、网络、电力线、专线、无线等多种方式联网的系统。

1. 电话线联网方式优缺点之比较

家庭中的报警主机与管理中心之间通过普通电话线路进行联网。这种联网方式在早期的智能小区中应用较多，目前国外的厂家大都采用这种方式，该方式具有如下优点：

（1）适合分布式报警要求；

（2）无须布线；

（3）由于采用普通电话线路联网，与管理中心无须布线，适合旧小区改造；

（4）带语音通讯报警功能；

（5）可以拨打手机、电话进行语音通讯报警。

但存在如下缺点：

（1）容量小，报警速度慢；

（2）由于报警中心也采用电话线路，在同时多家报警会出现通讯堵塞现象，一般从报警触发—拨号上报—中心接警成功需要 8～20 秒时间，考虑到报警系统每天都有一定的状态（撤布防、自检等等）信号上报，不适合在大中型小区使用；

（3）通讯费用高；

（4）由于采用电话线路通讯，每次与报警中心通讯都要付一次电话费。

综合评价：

电话线联网报警系统比较适合分散型报警的要求，语音通讯功能、无须布线是其特色，尤其适合旧小区报警改造。但是在具有一定规模的新建小区中通讯速度慢、容量小、造价高是影响其推广使用的缺点，同时与对讲系统联网方式不同，也导致其无法与对讲系统进行有效结合。

2. 总线制联网方式

家庭中的报警主机与管理中心之间通过专门数据线路（2 芯）进行联网，每个报警主机都有对立的地址码，通过地址码来识别警情。这种联网方式在智能小区中应用较多，目前国内专业总线制报警主机、楼宇对讲报警主机都采用这种联网方式。

总线制联网方式通讯速度快、容量大，上报一条警情信息仅需 0.1～0.3 秒，中心基本不占线，适合大容量小区使用；采用总线制不仅报警器可以迅速上报，中心还可以迅速下载信息；小区采用自己的通讯线路，报警通讯不需要费用；集成性能好；大多数智能化系统都采用总线制通讯方式，便于与其他系统进行集成，降低工程费用、增强中心通讯控制功能；总线制报警系统省去了电话线报警系统中的拨号模块，成本下降很多，便于普及。

但总线制联网方式也存在如下缺点：工程施工要求高；对于线路铺设、总线隔离有较高的技术要求；没有语音通讯功能；只适合联网使用，不适合住户独家独户使用，缺乏有效手段通知报警用户；一般报警器与中心通讯距离不能超过 1200 米，不适合长距离报警用户。

总的来说，总线制联网报警系统具有速度快、容量大、成本低的突出优点，而且可以和楼宇对讲系统统一布线，非常适合在新建的尤其是大中型小区中使用，是一种家庭普及型产品。

（三）楼宇对讲报警系统设计要点

设计楼宇对讲报警系统，要充分考虑到不同的使用对象、不同的使用环境，在技术设计上要吸收专业报警器的许多重要功能，才能保证报警系统的有效使用，而不只是功能上的摆设。

1. 可靠的通讯保障

楼宇对讲报警模块接收到报警信号必须可靠地上报管理中心，不能出现误报，尤其是漏报状况，确保报警成功。

2. 报警信息确认

楼宇对讲系统的报警部分接收到报警信号后不仅要上发管理中心，而且要建立中心报警信息确认机制，管理中心接收到报警信息后，应对报警主机下发确认信号，表示中心已接收，而楼宇对讲报警主机在没有收到确认信号时，应重发报警信号；报警信息与楼宇对讲通讯信息共用数据线路与管理中心联网，复杂的线路问题、通讯冲突

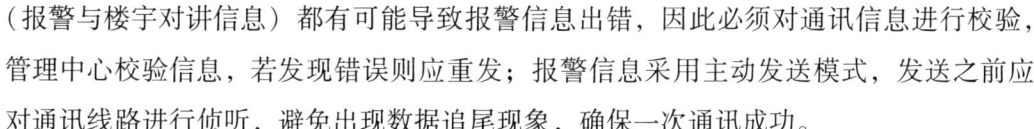

（报警与楼宇对讲信息）都有可能导致报警信息出错，因此必须对通讯信息进行校验，管理中心校验信息，若发现错误则应重发；报警信息采用主动发送模式，发送之前应对通讯线路进行侦听，避免出现数据追尾现象，确保一次通讯成功。

3. 丰富的通讯协议

好的报警主机必须拥有丰富科学的通讯协议，一个只能报警才通讯的主机离实用要求还有很大的距离。比如目前国际流行的报警通讯协议就制定得比较完善、科学。

4. 主机撤布防功能

住户对楼宇对讲报警器撤布防时，报警器应该将状态上报给管理中心记录，这有特别的意义。住户使用报警器可能会产生纠纷，例如没有对系统布防而外出，导致财物损失时，可能会诬告报警系统失灵，要求索赔，管理中心可以查询该用户撤布防记录进行确认，这种案例在现实中出现过多起。管理中心还可以及时对重要用户主机状态进行监控，甚至还可以由管理中心替住户主动布防。

5. 自检功能

报警系统属于"不怕一万，就怕万一"的产品，在正常使用中看不出其在工作，但是在出现警情时候，要确保报警成功。住户很难知道报警器是否正常，因此报警器设计应有自我检查功能，并将自检结果定时上报给管理中心，接受管理中心监控，以确保出现故障立即维护。

6. 中心主动布防功能

当住户外出忘记布防时，管理中心在经授权的情况下，可以发送指令替住户主机进行布防，避免出现不必要的损失、减少住户的麻烦。

（四）楼宇（访客）对讲系统与其他系统的关系

楼宇（访客）对讲系统也是出入口控制系统的一种应用形式，综合了话音复合、视频监控、入侵报警系统的技术成果，强调了对门口机所在通道口的出入管理，是智能化居民小区等领域必备的安全技术防范手段。报警主机与室内楼宇对讲主机进行一体化设计，保证了用户操作使用更加方便，集成度高，工程施工也简化，但是以下几个事项在设计中值得重视。

1. 模块化设计

进行模块化设计不仅可以给生产厂家带来方便，也非常适合实际中的需要。作为基本构件，在居民家中都安装楼宇对讲，一般是一次到位，而报警模块根据用户要求再具体安装。模块化设计可以灵活的适用这种模式，减少智能化投入，工程商也愿意接受；统一布线楼宇对讲与报警系统统一布线，并接入到住户室内楼宇对讲主机的接线盘中，从非可视—可视—报警无须再布线，便于系统升级。

2. 一线通设计

楼宇对讲和报警系统可以共用同一个数据线（2 芯 485 总线），减少布线量，便于中心系统集成。但要圆满解决大量楼宇对讲信息与报警信息在一条线路上共同通讯带来冲突的问题，必须统一制定合理的通讯协议。

3. 人性化操作设计

报警系统的日常操作（撤布防、紧急报警等）要面向各个层次的用户。因此应尽量采用按键式操作，要有明确的指示灯和喇叭提示，在可以的情况下使用遥控器，将日常操作集中在遥控器上。

随着互联网思维、综合电商等新概念和新商业模式的兴起，电视、手机、平板电脑、对讲室内机，家中的每一块屏幕都成为开拓家庭信息化市场的重要关注点和入口。作为建筑出入控制的重要节点，同时也是家庭信息化的重要入口，楼宇对讲正在受到越来越多的关注。

在传统"门铃"的基础上，打通与第三方支付、智慧城市、视频监控、社区 O2O 电商等综合生活服务平台和社区运营平台的对接，通过楼宇对讲室内机、手机、平板电脑、网络电视机，可以看小区监控、查询公交到站信息、自动召唤电梯、点餐叫外卖、支付物业费、支付停车费等，基于智能对讲系统的新型应用，可以为生活提供更大的方便，在帮助业主的生活实现部分智能化的同时，也为物业创新收费方式、开展运营提供了可能。

项目六　停车库（场）管理系统

随着用车一族人数的不断飙升，城市停车难的问题变得更加棘手，为了告别停车难的问题，国内很多停车行业的公司都在大力发展停车事业，致力于研究更便捷、更安全的停车场管理系统。传统 ID 卡或是开票据的方式不仅速度慢、需要专人管理，而且如果将卡、票遗失还会给车主带来不必要的麻烦。但智能化的普及让传统停车场迎来了新的发展机遇，智能停车场不仅能为车主带来舒适的停车环境，使停车场管理更便捷、更安全，还能降低成本开支，智能停车场系统中最重要的技术就是车牌识别技术。

一、停车库（场）管理系统组成

停车库（场）安全管理系统主要由入口控制部分、出口控制部分、（库）场内监控部分、中心管理/控制部分组成。简单的系统不设置（库）场内监控部分，如图 4 – 14 所示。

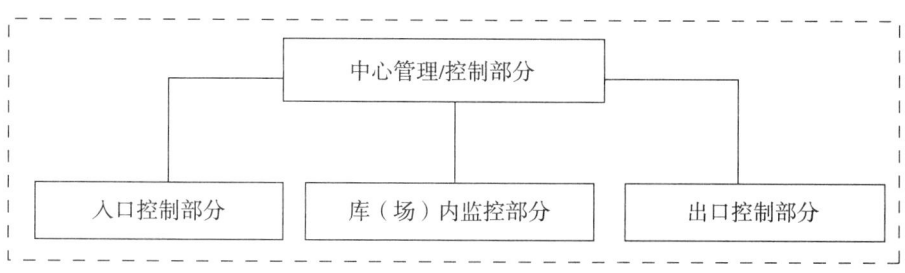

图 4 – 14　停车库（场）系统组成框图

（一）入口控制部分

入口控制部分主要由识读、控制、执行这三部分组成，可根据安全与管理的需要扩充自动发卡设备、识读或引导指示装置、复核用图像获取设备、对讲设备等。

1. 识读部分

可采用编码设备或特征识别方式，最常见的编码识别是感应卡识别，最常用的特征识别是对车辆牌照的识别。识别可采用单一识别方式，也可采用多种手段复合识别。在应用中复合识别可以是对单一目标（驾驶员或车）的识别，也可以是对双重目标（驾驶员和车）的识别。

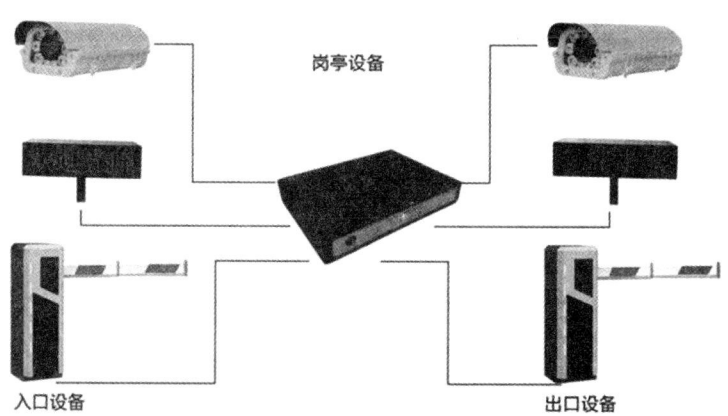

图 4 – 15　停车库（场）系统车牌识别系统设备组成图

2. 控制部分

控制部分的主要任务是获取从识读部分发来的目标身份信息，经核实处理向执行部分发出指令，对符合放行的车辆予以放行，拒绝非法侵入。有些系统还能驱动指示装置，显示进入车辆的信息及库（场）内的车位等信息。为方便临时车辆入场，有的系统还增设无人值守的自动出卡设备、与中心值班人员通话的对讲设备等。复核用图像获取设备（如摄像机）主要用于对安全要求高的场所，常与库（场）内监控系统联合设置。

3. 执行部分

根据安全和管理需要，执行设备可采用出入准许指示装置或阻挡设备。电动栏杆机是应用最为广泛的停车库（场）执行设备，其阻挡能力有限，且有诸多防砸车等对机动车的保护设计，不能起到阻止犯罪分子驾车闯关的作用，也属于出入准许指示部件。升降式地挡（阻止车辆通行的装置）等阻挡设备，主要用在对安全要求较高的场所。电动栏杆机常与车辆感应装置（如探测金属的环路检测器，也称地感控制器）一起使用，满足防砸车、自动触发落杆等功能要求。

（二）出口控制部分

出口控制部分的设备组成与入口控制部分基本相同，也主要由识别、控制、执行这三部分组成。但其扩充设备有所不同，主要有自动收卡设备、识读或收费指示装置、复核用图像获取设备、图像显示设备等。具有图像复核和对临时车辆收费的系统，在出口处需有值班人员值守。

识读、执行部分功能与入口部分基本相同，只是对于临时车辆，需经值守人员收费、确认后才发出放行信号，在控制部分的扩展方面，指示装置除显示车辆的信息外，还显示临时车辆应收费的信息、储值卡余额信息、固定车辆（或常租车辆）卡将到期等信息。自动收卡设备杜绝了值守人员的舞弊行为。在有图像复核（图像对比）的系统中，系统自动调出对应车辆的入场图像，显示在图像显示设备上，由值守人员复核。

（三）库（场）内监控部分

在安全与管理要求较高的场所，如大型专用停车库（场）应设置视频监控，对行车道与停车区域进行监控管理。

（四）中心管理/控制部分

中心管理/控制部分是停车库（场）安全管理系统的管理与控制中心，根据系统产品的具体形式不同，其功能的涵盖范围也不同。有的系统其中心部分承担的功能多，前端部分承担的功能少；另一些系统其中心部分承担的功能少，前端部分承担的功能多，其系统综合的功能如下：

（1）停车库（场）安全管理系统人机界面。

（2）出入目标的授权管理（对目标的出入行为能力进行设定），如对固定车辆（或常租用户车辆）、临时车辆、储值卡进行授权。

（3）出入事件、操作事件、报警事件等的记录、存储及报表的生成。事件通常采用4W的格式，即 When（什么时间）、Who（谁）、Where（什么地方）、What（干什么），对于有图像复核的系统，还能把在出入口抓拍到的图像与出入事件信息进行关联记录。

（4）出入目标出入行为的鉴别及核准。把从识别部分传来的信息与预先存储、设定的信息进行比较、判断，对符合出入授权的出入行为予以放行。

（5）系统操作员的授权管理。设定操作员级别管理，使不同级别的操作员对系统有不同的操作权限，还有操作员登录核准管理等。

（6）出入口控制方式的设定及系统维护，单识别或多识别方式选择，输出控制信号设定等。

（7）出入口的非法侵入、系统故障的报警处理。

（8）对有收费的系统，设定各出入口值守人员的管理、操作与收费权限，并能设置与记录详尽的班次与值守人员登录情况，确保收费安全，防止内盗。

（9）对于已设置库（场）内监控的系统，中心管理/控制部分承担了视频监控中心的任务。

（10）对于一些大型的、临时车位较多、出入口较繁忙、需收费的系统，可设立一个或多个收费中心，车主先在中心结算，在规定时间内出库（场），只需验证通过，不再收费，大大提高了出入口的通过率。

（11）扩展的管理功能及与其他控制及管理系统的连接，如与门禁、电子巡查、入侵报警、视频监控、消防等系统的联动。

二、停车库（场）安全管理系统构建模式

目前采用的车牌识别在停车场管理系统中的应用模式主要有三种：视频识别模式、地感线圈识别模式、视频＋地感识别模式。

（一）视频识别模式

视频触发优势是不用安装地感线圈，工程量小。当车辆进入视频识别区域时，相机自动通过车辆的动态图像识别车牌信息，同时提供模拟触发识别。缺点是针对无牌

车无法输出图像，容易漏车。若未识别出车牌结果，可手动点击模拟触发进行识别。

（二）地感线圈识别模式

一般情况下，在停车场道闸前 10 米左右的位置，会设有减速带，车辆通过减速带减速，为识别车牌留出时间，车辆进入识别区域，触发地感线圈，自动指挥相机进行抓拍，通过字符检测，识别出车牌，道闸放行。地感线圈触发车牌识别优势在于触发率高、不易漏车，而且性能实用稳定，针对无牌车能够输出图像记录。缺点是需要施工安装地感，工程量大。

（三）视频＋地感识别模式

这种方式是前两种模式的升级版，视频加地感识别模式是通过视频识别方式进行识别，通过地感触发方式进行上传。相比较地感线圈识别和视频识别模式，视频＋地感识别模式能够提供更快的识别速度和更高的识别率。视频＋地感灵活切换的识别模式，是目前应用灵活性最好的识别模式，通过软件划定识别区域和输出区域，根据客户现场环境，自由设置车牌输出的位置，可以解决跟车被识别，或过早输出的问题。当无牌车行驶到输出区域，可以轻松记录无牌车信息。

（四）车牌识别停车场的优势

1. 停车收费更加严格

对于人工现金收费方式，一方面劳动强度大、效率低，另外一个主要弊端就是财务上造成很大的漏洞和现金流失。使用车牌识别停车场管理系统，系统有客户端和管理端，管理端能够提供丰富的报表统计功能，收费员每班所收的费用需和系统显示的费用匹配，杜绝了作弊现象，保障了停车场管理者的利益。

2. 速度快效率高

相对于人工放行式的停车场，车牌识别停车场无需停车就可自动识别，提高了进出的速度，提高了效率。从其自身来讲，车牌对车牌识别摄像机来说，越远像素越小，越近像素越大。停车场相较于其他场景来说车道较短，而现在的车牌识别系统的识别是实时的，想在保证识别速度的情况下，支持大像素宽度车牌的识别，这是一对典型的矛盾。通常车牌像素宽度过大，识别速度必然就慢，识别速度要快，就要求车牌像素宽度在一定范围之内。

3. 可以大角度识别

相较于电子警察等场景，大角度下的识别这一点是停车场与其他场景的最大区别，也是停车场环境下车牌识别技术的难点所在。车牌识别系统在停车场大角度下难以抓拍到常规比例下的矩形车牌，大角度带来的车牌成像变形是车牌识别公认的技术难点之一。

4. 添加黑、白名单

对于小区停车场和部分写字楼停车场来说，每天进出的车辆相对固定，所以对于这一部分车辆可以利用车牌识别系统的白名单功能。在车牌识别系统中导入白名单后就可以实现对白名单功能列表中的车辆自动开闸放行。对于不想放入的车辆也可以添加黑名单。

5. 更加环保

车牌识别系统还是一个非常注重环保的管理系统，无纸票、无卡片，纯粹使用车牌识别，大大减少了人力和设备的成本。无票停车系统提供了一个完整的友好的用户体验方式，不再使用停车票据，也避免了出入口交通阻塞的可能。这种商业模式正在由解决方案提供商向大中型停车场所提供。停车场管理人员可实行外聘制，所需缴纳的管理费按照收入的百分比进行缴纳。一旦车牌自动识别系统能够普及，成本将不会是压力。

三、出入口控制技术的发展

（一）传统票箱技术

所谓票箱，就是指自动吞吐卡设备。在早些年，城市汽车保有量较低，票箱被普遍应用于各停车场。票箱实现技术大致如下：车主进场时手动取卡，同时票箱联动道闸开闸，系统记录该卡片的进场时间和卡号；车主出场时交还卡片，平台通过读取卡号及进出场时间差，结合收费规则进行费用结算。

此种票箱属于半自动设备，箱内的卡片数量有限，当出现卡片告罄或过满的情况，必须人工干预，因此智能程度较低，且无法避免取临卡、丢失卡、刷空卡、临免卡等带来的收费漏洞。不仅如此，票箱的后期维护成本较大，频繁出现设备故障维修、卡片丢失等问题。特别是当进出车辆较多或出现车辆排队时，进出场效率低下的问题尤为显著，尤其在雨雪天，这往往给车主带来较为糟糕的体验。总的来说，票箱技术虽然带来了一定的便利，但是没解决进出场低效的问题。

（二）RFID 远距离读卡技术

物联网概念的不断普及、国家政策的导向，都极大地推动了 RFID 电子车牌的落地进程。在停车场出入口技术应用中，RFID 远距离读卡技术凭借其优秀的穿透性、稳定性、环保性、抗干扰性、维护便捷性和兼容性，很好地替代了蓝牙远距离读卡技术，受到了广泛青睐。

（三）视频车牌识别技术

视频车牌识别技术的诞生，给整个停车场管理行业带来了新的机遇。大华股份聚焦视频技术，深度挖掘视频红利，在停车场行业率先推出了"视频免取卡解决方案"，该方案得益于大华股份在视频技术的长期积累，视频车牌识别准确率达到99%以上。

"视频免取卡解决方案"借助出入口抓拍相机，对场景内的车牌进行抓拍和识别，记录车牌信息、进/出场时间，联动道闸开/关闸，并按照平台既定的收费规则进行费用计算。收费方式除了岗亭人工收费外，也支持当下流行的微信、支付宝扫码缴费，还可以协同停车场内的自助缴费机进行缴费。大大降低了系统对人工的依赖，在极大程度上提高了进出场效率，同时也降低了整套系统的后期维护成本。可以说，该系统可以让停车场出入口真正实现无人值守的最佳状态。

项目七 电子巡查系统

电子巡查系统是安全技术防范领域的重要组成部分，是对巡查人员的巡查路线、方式及过程进行管理和控制的电子系统。在巡更点安装巡更开关或读卡机，巡查人员应按巡更规定的路线和时间到达指定的巡更点，每抵达一个巡更点，用专门的钥匙开启巡更开关，向管理中心发出"巡更到位"的信号，管理中心记录时间、巡更点编号等。如果在规定时间内，指定巡更点未发出"巡更到位"信号，系统就会发出报警。

电子巡查系统主要由信息标识、数据采集、数据转换传输及管理软件等部分组成，依照巡查信息是否能即时传输到管理终端，电子巡查系统一般分为离线式和在线式两大类。

一、离线式电子巡查系统

（一）离线式电子巡查系统的组成

巡查人员采集到的巡查信息不能即时传输到管理终端的电子巡查系统为离线式电子巡查系统，又称无线巡查系统。由信息装置、采集装置、信息转换装置、管理终端等部分构成，其原理框图，如图4－16所示。信息装置（信息纽扣）安装在现场，如各住宅楼门口附近、车库、主要道路旁等处；采集装置（巡更手持记录器）由巡更人员值勤时随身携带；信息转换装置（下载器）是联接手持记录器和电脑进行信息交流的部件，它设置在电脑房。无线巡更系统具有安装简单，不需要专用电脑，而且系统扩容、修改、管理非常方便。

图 4 - 16　离线式电子巡查系统原理框图

离线式电子巡查系统仅能对巡查方式、路线、人员、时间进行事先约定、设置，也只能对事后采集结果并进行分析统计，不能对进行中的巡查过程实施监管，实质是仅对巡查人员是否执行正常巡查进行管理。

离线式电子巡查系统虽然具有灵活、方便，不需布线，系统价格低廉等优点，但同时具有不能够实时地了解巡更人员的巡逻情况、操作不方便等缺点。

（二）离线式电子巡查系统的组成、主要设备的功能及信号传输方式

由信息装置、采集装置、信息转换装置及其电源、智能终端及管理软件等组成的离线式电子巡查系统，结构简单、容易施工、使用方便，应用最为广泛。

1. 信息装置

由储存有 ID 信息的载体介质组成，最常见的是接触式信息钮，体积小巧，方便安装，也有采用感应卡作为信息装置的。系统以信息装置的 ID 信息表征地址信息，由采集装置收集信息后再做处理，安装要牢固，并方便采集装置采集信息。

2. 采集装置

采集装置内置识读电路和存储单元，是用于采集、存储巡查信息的设备。巡查信息包含时间、地点及人员信息。为方便巡查人员日常握持使用，采集装置常设计成外形为棒状、枪柄状等体积大小适中，具有一定防水、防尘能力，内置电池的设备。

3. 信息转换装置

在离线式电子巡查系统中，信息转换装置用于采集装置与智能终端之间进行信号转换及通讯。常见信息转换装置和智能终端之间采用 RS232 接口连接。

4. 智能终端

在离线式电子巡查系统中，智能终端可由专用智能终端设备、PC 及其管理软件组成，是电子巡查系统的管理中心，负责基本设置、生成数据报表、巡查统计等功能。

美国 DAIIAS 信息钮技术，通过巡更机（巡更棒）与信息钮的接触读取信息，然后再把巡更棒内存储的信息传到电脑，读取或打印出来，成为离线式电子巡查系统的主流产品。电子巡更棒（Touch Probe）内有 9 伏锂电池供电的 128 千 RAM 存储器，内置

时间和防水外壳。信息钮是不锈钢封装的存储器芯片，注册了一个唯一性的序列 ID，固定在巡更点上。巡更棒靠近信息钮时，鸣声，信息钮中的数据存入巡更探头中，巡更探头数据发送器，插入巡更探头后，读出其中的巡更记录。

二、在线式电子巡查系统

（一）在线式电子巡查系统的组成

识读装置通过有线或无线方式与管理终端通讯，使采集到的巡查信息能即时传输到管理终端的电子巡查系统称为在线式电子巡查系统，由识别物、识读装置、管理终端等部分构成，其原理框图，如图 4－17 所示。

图 4－17　在线式电子巡查系统原理框图

在线式电子巡查系统不仅能对巡查方式、路线、人员、时间进行事先约定、设置，并在事后采集结果并进行分析统计，还能对进行中的巡查过程实施监控管理，对在巡查过程中出现未按规定时间、路线巡查的行为发出报警信息。在满足离线式电子巡查系统的所有功能外，采取主动的方式实时监管，其实质不仅对巡查人员是否执行正常巡查进行管理，还能通过不正常的巡查行为（时间、路线不正常）及时发现情况，减少巡查人员的失误，在一定程度上也保护了巡查人员的安全（如巡查过程中被劫持、伤害、突发事件发生等）。在线式电子巡查系统需要布设通信线路，系统复杂，投资大，现在用得不多。

（二）在线式电子巡查系统的组成、功能及信号传输

在线式电子巡查系统较离线式复杂，成本较高，常与出入口控制系统联合设置。

1. 识别物

识别物就是在在线式电子巡查系统中，供现场识读装置识别巡查人员等信息的载体，可分为编码识别物和特征识别物。感应式 ID 卡、信息钮都是常见的编码识别物，也有用指纹等生物特征信息作为识别物的。识别物的作用就是让系统知道是谁（巡查人员）操作，以便与时间和地点等数据组成电子巡查信息。

2. 现场识读装置

在线式电子巡查系统中，现场识读装置就是安装于巡查现场并通过表征地址、时间信息以及识别物的识读，实现巡查信息采集、存储及与智能终端进行通讯的设备。根据不同的识别物，有不同的识读前端相对应。在应用时，巡查人员到达巡查现场，经操作，使现场识读装置采集到表征巡查人员信息的识别物，再由现场识读装置中的处理部分将时间信息和位置信息一起生成一条巡查记录，并暂存于现场识读装置的存储单元中，以便通过传输部分实时传递给智能终端。

3. 智能终端

在线式电子巡查系统的智能终端，除能完成离线式电子巡查系统智能终端的基本设置、生成数据报表、巡查统计等功能外，还能监控巡更过程，对非正常的行为及时报警，常与出入口控制系统的管理中心联合设置。

4. 信号的传输

在线式电子巡查系统现场识读装置与智能终端的信号常用 RS485 传输，也有通过以太网、电话线传输的。与出入口控制系统联合设置的在线式电子巡查系统，一般不单独采用其他传输方式。

三、电子巡查系统的主要技术指标

（一）一般要求

1. 巡查信息采集

巡查人员通过巡查地点时，按正常操作方式，采集装置或识读装置应采集到巡查信息，采集装置应具有防复读功能。

2. 巡查信息存储

采集装置应能存储不少于 4000 条的巡查信息；识读装置宜具有巡查信息存储功能，存储容量由产品标准规定；采集装置在换电池或掉电时，所存储的巡查信息不应丢失，保存时间不少于 10 天。

3. 识读响应

采集装置或现场识读装置在识读时应有声、光或振动等指示。采集装置或现场识读装置的识读响应时间应小于 1 秒。采集装置或现场识读装置采用非接触方式的识读距离应大于 2 厘米，在线式电子巡查系统采用本地管理模式时，现场巡查信息传输到管理终端的响应时间不应大于 5 秒；采用电话网管理模式时，现场巡查信息传输到管理终端的响应时间不应大于 20 秒。

4. 计时

管理终端（管理中心）应能通过授权或自动的方式对采集装置或识读装置进行校时；采集装置或识读装置计时误差每天应小于 10 秒；管理终端（管理中心）应每天对采集装置或识读装置进行校时。

5. 传输故障监测

电子巡查系统在传输数据时如发生传送中断或传送失败等故障，应有提示信息。

6. 数据输出

采集装置或识读装置内的巡查信息应能直接输出打印或通过信息转换装置下载到管理终端输出打印。

（二）管理软件要求

1. 基本要求

软件应采用中文界面，根据智能终端的配置选择相应的通讯协议及其接口，设置登录和操作权限，软件应有操作日志，更新（升级）时应保留并维持原有的参数（如操作权限、密码、预设功能）、巡查记录、操作日志等信息。在线式电子巡查系统，能通过管理终端向各识读装置发出自检查询信号并显示正常或故障的设备编号或代码，软件应能编制巡查计划。除能设置多条不同的巡查路线外，也能对预定的巡查区域、路线进行巡查时间、地点、人员等信息设置，并有校时功能，信息在管理终端（管理中心）中保存应不少于 30 天。

2. 巡查记录

每条巡查记录应正确反映时间（精确到秒）、地点、人员信息。巡查记录应正确反映正常巡查的时间、地点、人员；异常巡查如迟到、早到、漏巡、错巡、人员班次错误等的详细记录。

3. 查询统计

在授权下可按时间、地点、路线、区域、人员、班次等方式对巡查记录进行查询、统计，也可按专项要求（迟到、早到、错巡、漏巡或系统故障等）对巡查记录进行查询、统计。

4. 脱机和联机

在线式电子巡查系统在管理终端关机、故障或通信中断时，识读装置应独立实现对该点的巡查信息的记录，当管理终端开机、故障修复或通信恢复后能自动将巡查信息送到管理终端。

5. 警示

在线式电子巡查系统中，管理终端在巡查计划时间内没有收到巡查信息及收到不符合巡查计划的巡查信息时应有警情显示。在线式电子巡查系统中，管理终端收到设备故障或不正常报告时应有警情显示，在线式电子巡查系统中，当巡查人员发生意外时应具备向管理终端紧急报警的功能。

四、在线式电子巡查系统与出入口控制系统的关系

在线式电子巡查系统常与出入口控制系统联合设置，联网控制型出入口控制系统大多拥有电子巡查管理模块。如某出入口控制系统将识别的感应卡片设置为出入卡和巡更卡，应用系统中所有的出入口识读点都可设置为巡查点。还可根据安全管理需要，在某些点仅设置巡查点而不设置出入口识读点，巡查现场的现场识读装置可以是出入口控制系统的识读控制器，也可以是电子巡查系统的专用设备。

五、电子巡查系统的日常维护

电子巡查系统需维护的设备不多，离线式电子巡查系统的日常维护主要是定期检查安装在室外的信息钮，看安装是否牢固。

项目八　行业新动态

一、人脸识别技术

目前基于深度学习的人脸识别技术，作为人工智能中一个重要的组成部分，最近几年以来发展迅速，在公安行业应用不断深入，其成果频频见诸报端。现阶段，人脸识别已经成为公安行业科技信息化建设中必不可少的建设内容，从追逃布控、走失人员的寻找、嫌疑人员身份确认到以人脸数据为核心的大数据分析来协助案件的侦破，在公安机关相关工作中发挥了巨大的作用。

但是我们同时也应该看到，目前的人脸识别模式仍然有不足之处，具体表现有两点。一是现阶段的人脸识别对场景要求较为苛刻。如果摄像机的高度、角度、光线等要素无法满足要求，则识别出的人脸质量会比较差，这样既无法看清人脸，更无法通过人脸进行人员身份的判断，因此想要进行人脸识别布控，必须新建能满足人脸识别的前端点位。二是即使能在一些关键部位部署人脸识别点位，但毕竟数量不多，目前还无法达到进行全网布控的效果，公安人员依靠人脸识别系统进行定位和追踪的效果十分有限。

因此，从深度上来讲，人脸识别技术对环境的适应性、识别的准确性仍然有很大

的提升空间。从广度上而言，人脸识别的目标对象需要更加丰富，从单一的对人脸进行识别，可以扩展到除人脸之外的其他人体部位和信息要素的识别，比如体型、衣着、朝向等多种要素，这也是本文主要谈的人脸识别技术。

（一）人脸识别的关键与流程

在现阶段，人脸识别技术主要是一种狭义上的定义，指的就是以人脸识别为主的分析和识别技术。而从广义上来说，人脸识别技术是指对包括人脸在内的多种人体部位和信息要素的识别与分析，能形成人员更为全面的特征数据信息，实现对人员的定位查找、身份确认。

人脸识别中对人体的识别是关键，随着深度学习技术的突破，实践中我们采用深度学习技术，使用大量的在不同场景下的同一个人的不同姿态、不同穿着的监控抓拍照，利用神经网络去学习这些图片数据中人员的身体外形特征，从而实现对人体的跟踪监测，身体关键部位的定位以及人体特征的提取和比对。这些人体监控图片经过训练过后的神经网络，会映射成为一个高维的特征向量，这个向量表示了人体的数学特征。对这个高维向量进行数据计算比对，就能达到对不同场景下同一个人的人体识别。通过对人体的识别，再结合对人脸的识别和特征比对，从而形成特有的人脸识别技术。

（二）人脸识别的具体流程

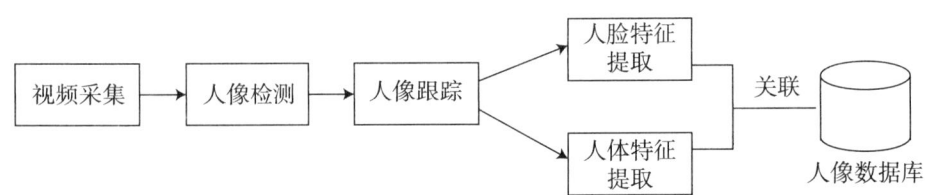

图 4-18　人脸识别的流程图

1. 视频采集

人像系统通过接入实时视频流，获取人像数据源。考虑到人像检测相对耗时，所以输入的视频流可以设置成隔几帧进行一次检测，这样就可以使得整个系统数据采集实时性更好。

2. 人像检测

采用基于深度学习的目标检测方法，对场景内的人脸和人体同时进行检测。系统中使用的检测器基于通用的 Faster R-CNN 方法，使用类 ZF 的网络结构在 ImageNet 上进行预训练，并使用实际监控场景视频数据进行微调（fine-tune），得到系统中使用的人像检测器模型。

3. 人像跟踪

基于检测器得到的检测结果，在检测帧之后，对检测到的目标框使用跟踪性能较好的 KCF 方法进行跟踪。同时，采用深度神经网络提取表观特征，采用一个多维的向量来表示，并对图像质量进行判断，对同一个人员输出一张质量最好的图像。

4. 特征提取

系统通过对检测到的人员图片进行分析，对检测到的人脸和人体分别进行结构化分析和特征提取。将人脸与人体的结构化分析和特征信息综合归纳，形成基本特征（性别、年龄段、种族等）、头部特征（帽子、发型、眼镜、口罩等）、体态特征（朝向、速度等）、衣着特征（上衣及裤子的类型、颜色等）、携带物特征（是否有包、是否抱小孩、是否打伞等）。

5. 数据关联

系统将识别到的人员的人脸与人体进行图像关联，形成包含人脸与人体的特征数据及其关联关系的人像数据库。

采用人脸识别技术形成人像数据库后，对人员的身份识别不仅可以采用人脸特征来完成，而且可以依托更为丰富的人体特征来进行识别，扩大识别范围。

（三）人脸识别的应用

1. 人脸识别之图像语义检索应用

人脸识别技术具备非常丰富的人像结构化数据，系统通过人脸识别技术对抓拍的人脸、人体图片进行特征提取分析和识别处理，获取的人员面部特征及体态特征信息，经过关联处理后形成海量的人像资源数据。公安人员在对具有某些特征的嫌疑人员进行查找的过程中，可直接使用人脸识别技术进行语义检索，例如输入"男人、中年、戴眼镜、背包、短袖"属性，可在系统的抓拍人像中迅速缩小范围，定位到目标人员，达到视频侦查业务中快速找人的目的。

2. 人脸识别之行人重识别应用

通过普通监控摄像头，实现对目标人员的追踪与识别，这就是人脸识别技术中的行人重识别应用模式。公安人员即使只有该人员的视频监控截图，从截图中获取不到清晰的人脸信息，但只要有完整的人体图像，仍然可以通过人脸识别技术在人像数据库中对该人体图片进行检索，匹配到超过设定阈值，相似度最高的人员。通过这种方式，可以更加全面的分析出目标人员更多的行动轨迹、活动范围等重要信息。

3. 人脸识别之人像关联应用

通过人脸识别技术，利用摄像头捕获人脸和人体（可以是部分人体）的图像，并建立人像数据库。在人像关联应用中，可利用人像数据库中采集的人脸图片特征进行1:N检索，从后台人脸布控库中匹配超过阈值，且相似度最高的人脸，根据该人脸的身份信息，确认该人员的身份，并建立"人体采集数据—人脸采集数据—后台布控人脸数据"的关联关系，形成人像关联库。

当该目标人员再次被监控摄像头捕捉到，摄像头即使没有抓拍到清晰的人脸，但仍然可以将抓拍到的人体图像通过系统进行特征提取后比对，在人像特征数据库中进行1:N检索，检索到匹配的人体后，进而关联到后台人脸数据，从而确认该人员的身份信息。

人脸识别技术作为人工智能"Ai+安防"中的典型应用模式，弥补了人脸识别系统中只能对人脸进行分析的局限性。在现阶段，人脸识别的技术还处于研究和探索阶段，在国家人工智能发展规划政策的强力推动下，随着深度学习技术的不断发展，人脸和人体的识别信息会更加丰富，结果会更加准确，人脸识别技术会越来越成熟和完善。再结合车辆信息、手机WiFi信息，进行多维的数据关联，建立以人像为核心的综合人像信息数据库，利用大数据分析技术，对这些关联数据进行碰撞分析，挖掘其内在的线索和规律。在社会的各个行业，特别是公安部门，用于布控追逃、嫌疑人的追踪、走失人员的查找等，一定会充分发挥其实战价值和意义。

二、声纹识别技术

在众多生物识别技术中，除了早已使用多年的指纹识别、虹膜识别，近期兴起的人脸识别技术被用于公司打卡、软件系统登录、家庭或公共场所的安防等多个场景，而语音识别技术的用途更是广泛，可用于机器人、智能家居产品、无人车等等。

随着相关算法的精进，以上生物识别技术的准确率已经可以与人类相媲美。而在这些识别技术愈加成熟之时，越来越多的人将目光放在另外一种生物识别技术上——声纹识别。

（一）声纹识别技术的概念

声纹识别，也称作说话人识别，是一种通过声音判别说话人身份的技术。人在讲话时使用的舌、牙齿、喉头、肺、鼻腔等发声器官在尺寸和形态方面存在较大的人身差异，所以任何两个人的声纹图谱都有差异，因而声纹具有唯一性。

根据不同的应用场景，声纹识别可分为说话人辨识（Speaker Identification，SI）和说话人确认（Speaker Verification，SV）。SI指的是我们有了一段待测的语音，需要将这段语音与我们已知的一个集合内的一干说话人进行比对，选取最匹配的那个说话人，是一个 1 对多的判别问题；SV 指的是我们有了一段未知的语音，紧接着判断这段语音是否来源于这个目标用户即可，是一个 1 对 1 的二分类问题。

（二）声纹识别的优势与挑战

声纹识别的主要任务包括：语音信号处理、声纹特征提取、声纹建模、声纹比对、判别决策等。相对于其他生物识别技术，在安全性上，声纹识别的唯一性不是第一，也是名列前茅的，纵然模仿声音类似，但也是能够分辨出来的。除了更高的安全指数，与其他生物识别技术相比，声纹识别还有着其他的优势：

（1）蕴含声纹特征的语音获取方便、自然；

（2）获取语音的成本低廉，使用简单，像麦克风、通讯设备等皆可；

（3）适合远程身份确认；

（4）声纹辨认和确认的算法复杂度低；

（5）配合一些其他措施，如通过语音识别进行内容鉴别等，可以提高准确率。

（三）声纹识别面临着的挑战

1. 如何建立声纹库和声纹特征

从理论上讲，声纹的获取是极其容易的，但这仅仅是针对国家相关机构，如目前声纹库最全的公安。对企业而言，所有的声纹数据都需要他们自行采集，这是一件相当具有难度的任务。另外，在数据不全面的情形之下，声纹特征的提取和建立也就受到了阻碍，从而就难以训练声纹识别的机器学习算法，以提高识别的准确率。

2. 如何降低内外环境对于声纹的影响

目前，人们对声纹识别的要求已经不仅仅满足于静态检测，更多的是动态检测。在外部环境中，首先，声音是通过录音设备进行采集的，不同的型号的录音设备对语音都会造成一定程度上的畸变，同时由于背景环境和传输信道等的差异，对语音信息也会造成不同程度的损伤。这些情况的出现为声纹识别增添了不少的问题。比如外部环境的影响，哪怕是如今发展较为完善、已经实现落地的语音识别技术，降噪以及去混响方面也依然是其运行中的一大难题。

此外，在内部环境中，对于同一个用户，即便采集到的两段语音内容都是相同的，但由于情绪、语速、疲劳程度等原因，语音都会有一些差异性。在这方面，专家就曾做过实验，以不同的噪音、速度唤醒 iPhone 7 中的 Siri，结果显示，只有与提前录制的语音同样的噪音、速度才能成功唤醒。

三、门禁四大主流识别技术

近年来，移动应用异常火爆，微信支付、支付宝支付等移动互联网手段在停车场领域风生水起，使得发展不温不火的门禁行业也兴起了手机门禁。目前技术层面上手机智能门禁的解决手段主要有四种：蓝牙、NFC、二维码和 WiFi。

（一）蓝牙技术

1. 技术背景

蓝牙是一种无线技术标准，可实现固定设备、移动设备和楼宇个人域网之间的短距离数据交换（使用 2.4GHz ~ 2.485GHz 的 ISM 波段的 UHF 无线电波）。蓝牙可连接多个设备，克服了数据同步的难题。

2. 实现方式

在无遮挡物干扰的情况下，蓝牙门禁在 8 米左右的距离就能够和门禁进行对接，在手机端通过 APP 调用蓝牙服务，在门禁端安装智能硬件，接收蓝牙指令后控制门锁。

（二）NFC 技术

1. 技术背景

NFC 技术由非接触式射频识别（RFID）演变而来，其基础是 RFID 及互连技术。近场通信（Near Field Communication，NFC）是一种短距高频的无线电技术，在 13.56MHz 频率运行于 10 厘米距离内。其传输速度有 106 Kbit/s、212 Kbit/s 和 424 Kbit/s 三种。目前近场通信已通过 ISO/IEC IS 18092 国际标准、ECMA – 340 标准与 ETSI TS 102 190 标准。

2. 实现方式

首先，需要一部具有 NFC 功能的移动设备。其次，还需要配置能够从具有 NFC 功能的移动设备上读取虚拟凭证卡的硬件。最后，还必须开发包括移动网络运营商、受信服务管理商以及提供和管理移动凭证卡的其他运营商在内的生态系统。

（三）二维码技术

1. 技术背景

二维条码/二维码（2 – dimensional bar code）是用某种特定的几何图形按一定规律在平面（二维方向上）分布的黑白相间的图形记录数据符号信息的；在代码编制上巧妙地利用构成计算机内部逻辑基础的"0""1"比特流的概念，使用若干个与二进制相对应的几何形体来表示文字数值信息，通过图像输入设备或光电扫描设备自动识读以实现信息自动处理。它具有条码技术的一些共性：每种码制有其特定的字符集、每个字符占有一定的宽度、具有一定的校验功能等，同时还具有对不同行的信息自动识别功能，及处理图形旋转变化点。

2. 实现方式

二维码门禁采用二维码作为人员身份识别的介质和载体，系统给每一个用户实时分配一个经过加密的二维码，用户通过在门禁设备上扫描此二维码即可打开相应的门锁。

（四）WiFi 技术

1. 技术背景

几乎所有智能手机、平板电脑和笔记本电脑都支持 WiFi 上网，WiFi 技术是当今使用最广的一种无线网络传输技术。WiFi 不受硬件芯片和操作系统的影响，连接速度快，可以一对多连接，还可直通互联网。WiFi 执行的协议是全球统一标准的，具有超前的前瞻性，发布至今，从没有更替，不存在兼容性的问题，适配所有手机。

2. 实现方式

在智能社区上的应用比较广泛，通常和监控一起使用，通过 APP 进行门禁管理。

四、RFID 技术与无人零售店

安防行业和 RFID 技术可谓是密不可分。在智能交通、智慧停车、智能门禁、射频防盗等产品和解决方案的应用中，RFID 技术均扮演着重要的角色。RFID 作为安防及物联网的关键技术之一，目前相关的产品和系统解决方案日渐丰富，市场应用也逐渐深入，应用领域不断拓展延伸。无人便利店的设立，对 RFID 技术作为物联网重要接口作用的提升是不言而喻的。

（一）风口上的"无人零售店"

"新零售"这一概念被提出后，零售行业创新加速。伴随着人工智能在各个领域的渗透，无人售货商店的概念进入大众视野。全球电商巨头亚马逊推出 AmazonGo 无人商店，尽管尚在内测中，但还是引发了业内的高度关注，目前无人零售店在技术上大致可分为三类：

（1）AmazonGo 及 TakeGo 用的都是目前热门的前沿技术，比如机器视觉、深度学习算法、传感器融合技术、卷积神经网络、生物识别等。通过货架上的红外传感器、压力感应装置（确认哪些商品被取走）及荷载传感器（用于记录哪些商品被放回原处）统计顾客购物信息，用户所采购的商品数据会实时传输至 AmazonGo 商店的信息中枢，顾客付账时直接离店就可。

（2）第二类的代表有缤果盒子、EATBOX 等，主要利用了 RFID 标签技术，RFID 在对货物的识别与防盗上更具优势，该方案在技术上较为成熟。

（3）第三类如小 e 微店等，主要是利用二维码来完成对货物的识别，优势是成本低，与传统零售较为接近。

就购物体验而言，缤果盒子等显然无法做到像 AmazonGo、TakeGo 那样"即拿即走"的购物体验，它采用的技术相对简单但却更可靠。缤果盒子主要采用了 RFID 技术、人脸识别技术等，店内商品包装上皆贴有 RFID 标签，避免了像 AmazonGo、TakeGo 那样需要进行复杂的图像识别过程，同时也可以起到节省人力的作用，不失为向第一类"无人零售店"过渡的一种办法。

（二）RFID 技术及优劣势分析

RFID（Radio Frequency Identification）技术，即无线射频识别技术，是指基于无线电的一种信息识别技术，也称作电子标签，工作原理主要是通过射频信号对目标对象进行自动识别并获取相应的数据，工作运转过程全程自动化无需人工干预，是一种非接触式的自动识别技术。

从概念上讲，RFID 类似于条形码技术。条形码技术是将条形码信息依附在物品上，通过扫描枪对物品上的条形码进行扫描，从而获得物品的信息。而 RFID 技术将 RFID 标签依附在物品上，通过射频信号将标签中的信息读取到 RFID 读取器中，从而获得物品的特有信息。相较于传统的条形码，RFID 技术优点如下：

1. 快速扫描

RFID 辨识器可同时辨识读取多个 RFID 标签，相比之下，条形码每一次只能有一个条形码受到扫描。

2. 穿透性和无屏障阅读

在被覆盖的情况下，RFID 能够穿透纸张、木材和塑料等非金属或非透明的材质，并能够进行穿透性通信。而条形码扫描机必须在近距离而且没有物体阻挡的情况下，才可以辨读条形码。而"无人零售店"之所以能做到无人收银，也主要是利用了 RFID 技术的这一特点。

3. 数据的记忆容量大

一维条形码的容量是 30 个字符左右，二维条形码最大的容量可储存 2 至 3000 字符，RFID 最大的容量则有数兆字符，随着记忆载体的发展，数据容量也有不断扩大的趋势。

4. 体积小型化、形状多样化

RFID 在读取上并不受尺寸大小与形状限制，不需为了读取精确度而配合纸张的固定尺寸和印刷品质，不像条形码容易产生形变和破损等问题而导致无法识别。此外，

RFID 标签更可往小型化与多样形态发展，以应用于不同产品。

实际上，虽然目前低频段、高频段在国内已经应用很广泛了，比如校园卡、身份证、手机 NFC 模块等，但是在消费领域（一般应用的是超高频 RFID 电子标签），条形码（一维、二维）也能基本满足对单个物品的描述能力且在推广时已有一套成熟的配套体系，RFID 标签还无法取代条形码。

（三）RFID 标签普及面临的挑战

1. 成本

尽管 RFID 标签、读写器及软件的成本一直在下降，但对于许多想要进行商品库存跟踪的公司，RFID 部署所需的成本仍然是无法承受的。且目前 RFID 技术的应用几乎都是上游投资、下游受益，这极大地损害了上游企业投资 RFID 技术的积极性。特别是在人力成本较为低廉的国内，很多公司会选择增加员工部署，而非改造系统。

具体而言，企业需要将打印出来的 RFID 标签粘贴到每一件需要识别的商品上，同时需要配备相关的识别设备如通道机、手持设备等。另外，企业还需要将 RFID 与原有的 ERP 系统进行整合，业务流程会较之前复杂，生产、运输、仓储都要协调进行。因此，RFID 部署前期投入的成本较高，需要有一定的动力和魄力才能推进。

2. 技术标准难以统一

对于 RFID 的技术标准，国际上目前难以做到统一，使得产品开发和应用定位比较混乱，主流技术标准在推广方面都试图不断强化自身影响力，尤其看中中国未来的 RFID 技术推广，一度曾出现 ISO/IEC、EPC global、UID、AIM - Global、IP - X 五大组织负责或领导人几乎同时出现在北京和中国 RFID 领域相关负责机构接洽的情况。他们试图通过中国的加盟而强化自身在 RFID 技术领域的国际领导地位。对于中国而言，也在积极谋求自身的技术标准独立，以保护自身的技术、经济和安全利益。因此，RFID 技术标准的统一存在一个推广瓶颈的问题。

3. 读取准确率需要提高

数据完整以及正确性是决定 RFID 系统性能的重要因素，在阅读器作用域内多个标签同时向阅读器发送数据或者一个阅读器在另一个阅读器的作用域内时，信号间会相互干扰，导致阅读器接收到的数据错误，即无法完整的识别出标签，或者识别出错误的标签。因此，多目标识别既是 RFID 的最大优势，也是急需解决的技术难点。

虽然早在 2009 年，AA 美国服饰（American Apparel）就宣称其单品 RFID 库存管理系统能提供 99% 的店面库存可见度，但在现实操作中，算法原因、人员问题和流程问题而引起的误读仍是 RFID 技术普及道路上的绊脚石。有媒体报道，在"无人零售店"的体验过程中，也有购买两件同样的商品只能识别出一件，以及因为粘贴太紧密而无法识别金属易拉罐商品的情况出现。

（四）RFID 应用案例

整体上来看，国内 RFID 应用的主要市场在身份识别、交通管理、军事与安全、资产管理和物流与仓储等领域。而 RFID 在国外的应用中，零售和运输物流占据绝对的主力。两者相加约为整个市场的 40%。沃尔玛、麦德龙和 Zara 等服装与零售龙头已经全面部署 RFID 应用。

出于成本等方面的考虑，虽然 RFID 标签很多都是在国内生产，但其在消费领域的应用却多见于国外企业。典型的案例如迪卡侬，其在全球的门店以及 85% 以上产品都运用了 RFID 标签。在国内的消费领域，除了噱头满满的"无人零售店"，也有一些服装行业的公司开始尝试运用这项技术。

2014 年，海澜之家正式启动了 RFID 流水化读取系统的研发工作，并选定了 3 家企业作为海澜之家 RFID 流水化读取系统的标签供应商。海澜之家向选定的 RFID 标签供应商提供商品品号、色号、规格、数量等 SKU 信息，RFID 标签供应商负责将这些信息写入芯片并发往服装生产商，再由服装生产商将带有 RFID 标签的吊牌绑到服装上。

综上，在消费领域，目前 RFID 标签的运用还局限在物流、销售方面，生产环节应用较少；大公司、创业类公司的推进动力较强，中小公司、中间环节较多的公司推进意愿弱。

长期来看，随着 RFID 标签成本的下降、劳动力成本的上升、国际标准的统一，RFID 标签可以在更多领域代替条形码。同时，可以预期，最先行动的一定是行业内的领头企业（从开始测试到上量需要 3~5 年时间），并逐渐向行业内的中小企业普及。

相关供应商方面，初期，用户更倾向聘用规模较小的 RFID 研发公司作初步试验，但随着 RFID 应用愈来愈广泛，大公司会转投大型的、较有口碑的商业科技伙伴，因为他们早就有良好的软硬件开发能力。ABI Research 预计，虽然 AveryDennison、TI、菲利浦、斑马、Cisco、IBM、微软、甲骨文等大公司都不是以 RFID 为最主要业务，但会是 RFID 浪潮中的最大赢家，现有以 RFID 为主项的小公司难以是他们的对手。但由于这些大公司不是最精于 RFID，他们会与专营 RFID 的小公司结成伙伴，甚至并购以尽快获得更高技术。

短期来看，"无人零售店"还难成为 RFID 技术的下一个爆发点，但却是 RFID 技术在消费零售领域的一次新的尝试。当然，RFID 技术只是"无人零售店"吸引关注的众多原因之一，这种新零售形式的价值还在于对线下顾客消费大数据的搜集。整体来看，无人零售店仍处于技术探索的早期，做到真正的无人值守为时尚早，相比起"无人零售店"，RFID 芯片或许会率先出现在我们的衣橱里。

📖 拓展阅读 ⌐

目前使用的门禁卡，ID 卡最容易被复制，M1 卡虽然可以加密，但其实早在 2008 年就被宣布可以被破解。那么，在其他国家居民社区，门禁卡的尴尬与困惑是否同样存在？小区管理者如何确保住户安全呢？

1. 韩国首尔大学宿舍可扫描手部、背部血管出入

首尔大学的博士生张帅介绍，韩国小区也使用门禁卡，但没有听说过门禁卡能被复制的事情。韩国人对于门禁卡的使用普遍保持着很高的警惕。一般小区也都有门卫，大部分小区也有录像设施。除了小区门卡之外还有密码，比方韩国的独立式小楼，一般会把楼里的几间房子出租出去，大家会共用一个密码出入门，各自房间都有房间密码，方便且非常安全。迄今为止还没有听说过因复制卡出现的盗窃或其他事故。

韩国有些公寓并不使用门禁卡或者密码，而是使用一种特殊的生物识别技术来开门。比如她所居住的首尔大学留学生宿舍就是其中一例。首尔大学的外国留学生宿舍，出入门既不用门禁卡也不用密码，而是通过识别手部背部血管来开门。学生进入宿舍之前，先到办公室扫描自己手部背部血管，然后和自己房间号相连，学生回宿舍时，按自己的房间号，扫描手部血管就可以出入。

2. 澳大利亚地下门禁卡复制价格低，隐蔽性很好

澳大利亚观察员胡方介绍，在澳大利亚一些较新的公寓会使用门禁卡，因为找小区物业来配置门禁卡的费用比较高，也会有住户出于省钱的考虑联络网上的小广告。虽说这种生意是违法的，但由于配卡者隐蔽性强，一般只留一个手机号，警方通常也不大会耗费人力去追查。

通常，一个单位会配备两张及以上的门禁卡，万一门禁卡失效或者丢失，可以找物业购买新的门禁卡。澳大利亚的确存在地下门禁卡复制生意，人们选择门禁卡复制主要是出于价格考虑。以胡方所在的小区为例，小区物业办门禁卡每张收费 150 澳币，约合 750 元人民币。网上门禁卡小广告上的价格仅 40 元澳币，小区有不少人去外边复制门禁卡，这种行为肯定是违法的，但由于做生意的人往往只在网络上留下手机信息，隐蔽性非常好，真正要揪出这些人，花费也不少，警方也会权衡是否有足够警力去做这样的事情。

在澳大利亚很多小区，门禁卡的象征意义大于实际的安全意义。即便你没带门禁卡，只要不是深更半夜，都可以轻易进入任何一栋居民楼。澳大利亚人似乎很乐意为

准备一起进楼的人开一扇门。不过话说回来，要想堵住门禁卡复制的漏洞也不是没有办法，比如实施更高明的加密手段就是其中一招，至少可以让拷贝卡片不再那么容易。

3. 俄罗斯门禁卡暂用于公司管理领域

在俄罗斯，门禁卡暂时只应用于公司管理领域。据俄罗斯观察员张舜衡介绍，目前在俄罗斯大都市普遍使用的是电子密码钥匙，它同时兼具密码锁的高安全性和物理钥匙的可携带性。但这种金属片状的密码锁在街边的配钥匙店也能随意复制，不需要证件，安全保障功能并不强。人工保安巡视和摄像监控依然是必要的保障手段。

俄罗斯大部分使用的是电子密码锁，这类密码锁一般和住户呼叫系统安装在一起，可以通过在键盘输入密码开门，或者通过键盘呼叫住户门牌号，由住户在室内直接解锁。这类密码锁的好处在于，可以由物业管理公司定期更新密码，每个密码的有效期越短，安全级别越高。然而在俄罗斯大都市最普遍的还是电子密码钥匙，性质上类似于门禁卡，但不是卡片状，而是一个厚度约为 5 毫米的圆形电子金属片，用户开门时只需要将该金属圆片卡入大门上相应的圆槽就可以开启门禁。当然，这种圆形电子钥匙在街边任何一个配钥匙店也能随意合法复制，风险依然存在。针对这一问题，俄罗斯近几年新建小区除了电子钥匙之外，都设置了人工门卫，在小区附近安装摄像头，进一步提高安全系数。

4. 俄罗斯研发出"反人脸识别"技术

人脸识别软件现在越来越普及，且被用于各种场合，但时刻被盯着同样让一部分人感觉隐私被侵犯了。俄罗斯科技巨头 Yandex 的技术总监 Grigory Bakunov 曾公开表示自己已经在网络上和其他几个黑客一起，开发出了一种"反人脸识别算法"。

Grigory Bakunov 表示他已经受够了这种被人监视的感觉。他倒不是在质疑被监控的权力，而是质疑人们正在滥用人脸识别技术。他在 Telegram 上写道："人脸识别系统被不同的人用于不同的目的，在莫斯科周围躲避摄像头是不可能的。"因此，他从日常工作中抽出时间来开发一种算法，可以防止人脸识别软件成功识别一个人。他的服务提供特殊的化妆，以隐藏人们的人工智能。

"一个简单但有效的算法开发得非常快，"Bakunov 写道，"这项服务能够提供未来化的妆容，可以用一些面部线条来欺骗智能相机。"Grigory Bakunov 号称这项技术非常有效，对于男女都适用。但为了避免技术被滥用，他并没有公开反人脸识别系统的详细算法和原理。

Bakunov 意识到这种技术现在有可能欺骗银行和警察。他表示，不会把这些技术投放在市场，因为有人出于邪恶目的而使用它的可能性太高了。

尽管在安全性上，虹膜识别可能能够胜过指纹识别，但是需要明确的是，指纹识别在当下的流行，不仅仅在于它让设备更安全，更在于它在易用性上也达到了一定高度。

拿 iPhone 来说，其将 TouchID 模块直接做在 Home 键里，按压即可实现解锁。这对用户而言不存在什么学习成本，直接上手就能用，并且实体键设计让用户甚至在黑暗环境和手机放在口袋里时，仍然可以快速实现解锁。

而虹膜识别在易用性上则有点问题。首先它需要你的眼睛对准手机摄像头，并且要保证一定的距离（实测距离需要在 30 厘米左右，过远则不能识别）。这就对握持姿势有一定的要求，不像指纹识别那么方便。除此之外，虹膜识别的成功概率还和环境光线、眼部遮挡有一定关系。虽然现阶段有的厂家已经可以实现在暗光环境下和佩戴墨镜的前提下成功识别，但是仍然存在着较高的延迟和较低的成功率等问题，解锁速度仍达数秒。而反观部分指纹识别手机的解锁速度已经达到了 0.5 秒甚至更低，这就使得虹膜识别在"快、准、稳"三个要素方面，都不如指纹识别来得方便。

更主要的是，部分搭载虹膜识别的手机为了便于用户验证，还会专门设计两个定位框来引导用户对准眼部。这点就好像当年的人脸识别一样，初衷是好的，但是在大部分场合当中，把手机举起来以对准眼睛和面部的举动还是显得有些浮夸（另一个例子就是语音识别）。偶尔玩玩可以，实际体验比指纹识别还是差了很大一截。

另外，虹膜识别虽然硬件门槛较低。但是其仍然需要在摄像头周边另外配备红外发射器以及接收器，才能保证低光下的虹膜识别，本身又会带来一定的硬件和开发成本、量产产能及工业设计能力方面的困扰。毕竟手机正面开孔过多也不是件讨喜的事情。

这也就是为什么说，虹膜识别在技术上虽然更为领先和炫酷，但其在手机等移动设备上的应用还是无法匹敌指纹识别的原因。至少在最近几年，虹膜识别更多还是个噱头和玩具，而无法成为主流。

思考练习

1. 出入口控制系统基本组成以及各组成部分的作用。
2. 停车场系统基本组成以及各组成部分的作用。
3. 电子巡更系统基本组成以及各组成部分的作用。

学习单元五

防爆安全检查

📋 **知识目标**

了解防爆安全检查系统的基本组成及功能

认识防爆安全检查主要设备

📋 **能力目标**

具备利用安全检查设备，对违禁物品进行探测、显示的能力

具备通过安全检查设备，对违禁物品进行记录、报警的能力

具备防爆安全检查设备的故障判断及排除的能力

 知识内容

项目一 防爆安全检查概述

随着社会发展，犯罪嫌疑人利用爆炸手段在公共场所进行爆炸活动的事件明显增加，无论发案的次数还是社会危害程度都处逐年上升趋势。因此，为了有效预防爆炸事件发生，维护社会公共安全，营造和谐的社会氛围，加强防爆安全检查和安全处置爆炸物是安全检查部门的当务之急。科学技术的发展在给人类带来绚丽多彩的生活的同时，也携带了许多"副产品"，爆破器材和爆破技术的更新使犯罪嫌疑人使用的爆炸装置趋向多样化、技术化、智能化，作案手段不断变化，行动更加诡秘。犯罪嫌疑人使用的爆炸物品种类，既有制式的，也有非制式的，既有土造的，也有科技含量较高的，名目繁多、种类复杂。

一、防爆安全检查的概念

20 世纪 80 年代，国际恐怖分子主要制造并使用"汽车炸弹""人体炸弹"等各种爆炸物进行恐怖活动。90 年代以来，对炸药或爆炸装置的起爆方法，已由过去的导火索直接点火起爆发展为电能起爆、机械能起爆和化学能起爆，甚至用无线电遥控、有线电遥控、温控、光控、声控引爆以及机械定时、化学定时等起爆方法来引爆炸药或爆炸装置。目前，国际恐怖分子甚至掌握和使用了电子定时数码控制、电脑控制多元功能起爆系统等先进技术。犯罪嫌疑人为了使阴谋得逞，逃避打击，在进行爆炸恐怖活动时，通常采用秘密手段，隐蔽设置爆炸装置，所使用的爆炸器材进行严密伪装，使其突然爆炸，选择的时机、场合无所不及，防不胜防。如将爆炸器材隐藏在书籍、邮件、包裹、纸盒和日用品内，或将爆炸器材仿制成牙膏、肥皂、糖果、蛋糕、饼干、药品、玩具等，或把雷管炸药夹在面包、水果、香烟等日用品内，给识别和排除爆炸物增加了难度。

防爆安全检查就是以预防和制止爆炸为目的，对人身、场地、携带物品和公共场所进行全方位安全检查，以发现不同类型的爆炸物、金属武器等危险品，有效预防爆炸、枪击等案件发生。

二、防爆安全检查的方法

（一）一般检查法

一般检查法是指安全人员不借助任何防爆仪器设备，只凭着个人的生理感觉和经验来搜寻检查目标，包括人员、物体、场所，从而发现爆炸物等危险品的方法。通俗地讲，就是通过眼看、手摸、耳闻、鼻嗅、手掂等手段，发现可疑目标，再用仪器设备进一步确认。

（二）仪器检查法

仪器检查法是指安全检查人员借助安全检查仪器设备、感官触觉，应用所掌握的爆炸知识探寻检查目标，从而发现爆炸物品的方法，主要方法有 X 射线探测器检查法、金属武器探测器检查法、炸药探测器检查法和电子听音器检查法等。

（三）动物检查法

动物检查法是指安全检查人员利用某些生物或动物对炸药的特别反应，来搜寻检查目标的方法，如警犬是最常见的动物，安全检查专家还包括经过特殊训练的警猪、警鼠，以及一些生物，比如地中海果蝇或某些"有吃炸药的嗜好"的菌酶，一旦它们嗅出炸药就会蜂拥而上，在炸药附近形成密集的生物群，或发光或散味，引起人们注意，从而发现藏匿在成堆货物里的炸药。

三、防爆安全检查的范围

防爆安全检查包含的范围广泛，防爆是核心内容，检查是手段，安全是目的，检查范围包括场地检查、人身以及携带物品的检查、车辆检查等。

（一）场地检查

场地防爆安全检查是安全检查工作的重要组成部分，检查的对象是场地，特别是可能发生爆炸的场所。场地一般是国家政要及重要外宾出席活动或者涉足的场所，或者是举办重大活动所用场地以及具有某种特殊意义的场地，比如奥运会场馆、毛主席纪念堂等。

（二）人身及携带物品的检查

人身安全和携带物品的安全检查是安检工作的重中之重，通过采取器材和直观检查相结合的方法，对参加重大集会和进入重要场所的人身及携带的物品进行检查，遵循男不查女的原则，分为初检、复检和重点检查三个阶段。先利用安全门对人身、X光机对随身物品进行初检，如不能排除可疑，由安全检查人员对人身使用金属探测器复检，对物品实施开包复查，必要时请受检人到被查室接受重点检查。

（三）车辆检查

对车辆采取人、器材相结合的技术方法进行初检、复检及用搜爆犬强化检查，安全检查人员利用车底检查系统对车底和外观进行初检，对发动机、后备厢、驾驶室和车辆其他部位以及驾驶员进行徒手复检，同时在重要车辆安全检查点部署搜爆犬强化检查。

四、防爆安全检查的作用和意义

（一）通过严格而有效的安全检查，确保党和国家领导人以及政界要员的人身安全

世界各国领导人以及政界要员、知名人士都是国家的精神支柱，确保他们日常的行政事务和参观考察安全，是安保人员的重要任务之一。特别是当今社会敌对势力和恐怖分子将部分国家和地区的总统、主席、首相、总理等政治要员选为暗杀目标，暗杀事件频频发生，不胜枚举。因此对他们经常出入的场所、接触的人群进行严格的防爆安全检查是非常必要的。

（二）通过严格有效的安全检查，确保安全目标的安全

博物馆、名胜古迹等，由于其地位独特而成为犯罪嫌疑人袭击的重点。一方面古迹文物不可再生、价值无法估量，另一方面，这些地方往往是旅游胜地，游人稠密；还有大型的水电站、核电站、国防尖端企业单位、新闻中心、银行金库等要害单位和要害部位，也是犯罪嫌疑人实施恐怖活动的重要目标，防爆安全检查是保护这些要害部位的重要手段之一。

（三）通过严格有效的安全检查，确保易于发生群体性重大事件的公共场所和人民群众的安全

车站、机场、港口以及大型商场宾馆等是人群密集且有大量人员流动的公共场所，采用必要的安全检查手段可以确保人民群众的生命安全和社会秩序稳定。经常举办大型文体活动的场地一旦发生爆炸，必然会造成恶劣的负面影响，因此也是应该采取安全检查的重要场所。

项目二　简易爆炸装置

简易爆炸装置具有取材便利、制作简易、危害性强等特点，越来越多的不法分子将其作为作案工具。

一、简易爆炸装置相关知识

简易爆炸装置（Improvised Explosive Device，简称 IED）是指一种以简易方式组装的装置，包含毁灭性、致命性、毒害性、烟雾性和燃烧性化学物质，用于摧毁、损害、制造混乱或者造成伤害。简易爆炸装置主要由起爆装置、爆炸填充物和外壳构成，虽然装置的外形不一，但其结构基本相同。

（一）起爆装置

起爆装置的作用是引爆炸药，从而引发装置爆炸。起爆装置可分为物理方式起爆的机械触发装置（如拉动、触碰、松压等）、定时起爆的延时爆炸装置、感应环境变化起爆的感应爆炸装置（如气压、温度）、接收电信号起爆的遥控爆炸装置、导火索，以及通过排爆人员排爆时的动作触发的反能动起爆装置等。有的简易爆炸装置装有多个不同原理的起爆装置，以确保爆炸装置被成功引爆。

（二）爆炸填充物

爆炸填充物即炸药，是简易爆炸装置杀伤力的来源。炸药来源多样，既有 TNT、

黑索金、硝化甘油等成品炸药，也有化肥、黑火药等易燃易爆民用化工产品，还有通过自行调配各类原料制作出的爆炸性化学物质。除了填充炸药以外，有的制作者在制作简易爆炸装置时会添加一些如铁钉、钢珠、碎石块等小颗粒硬物在装置中，利用这些硬物在爆炸时获得的动能来增加爆炸装置的杀伤力。

（三）外壳

外壳是容纳起爆装置与爆炸填充物的容器，简易爆炸装置的外壳多是一些日常生活中常见的、易于取得的、可直接利用的物品。外壳的类型包括纸盒、提包、塑料袋等软外壳和高压锅、钢管、家用电器等硬外壳。除了作为容器外，外壳还可以起到伪装的作用，使爆炸装置难以被人识别。硬外壳在爆炸时会被爆炸产生的高压挤碎，形成具有杀伤力的破片，从而增强爆炸装置的杀伤力。

二、常见的简易爆炸装置

（一）土制手榴弹

土制手榴弹是一种原理简单的简易爆炸装置，通过向人群、建筑物等目标投掷的方式进行爆炸袭击。这类爆炸装置的外壳多为钢管、酒瓶等中空的、利于投掷的物品，并通过导火索点火等较为原始的方式起爆。

（二）人体炸弹

人体炸弹是指极端的袭击者将爆炸装置缠在身上并用外衣遮盖，来到目标附近后伺机引爆身上的炸药进行自杀式袭击的模式。人体炸弹起爆装置多为原理简单的导火索或松压开关，技术含量较低，但隐蔽性强，难以被发现。

（三）定时炸弹

定时炸弹是一种可以在特定时间爆炸的装置。袭击者提前将定时炸弹放在目标附近并设定爆炸时间，以此发动袭击。有的定时炸弹的起爆装置只是一个简单的闹钟或定时器，有的则是复杂而精密的电子、化学定时装置。由于其隐蔽性强、成本较低、安全性高、时间精确，定时炸弹往往成为连环爆炸袭击者的首选。

（四）遥控炸弹

遥控炸弹是指带有信号接收部件、通过接收袭击者发出的信号引爆的爆炸装置。遥控炸弹的起爆装置通常为手机、固定电话等通讯工具和遥控模型玩具的信号收发装置，袭击者可以在爆炸毁伤范围之外发动袭击。遥控炸弹多是通过提前在目标附近放置的方式进行设置，但也有利用遥控飞机等模型玩具携带炸药前往目标地点发动袭击的形式。

（五）自制诡雷

诡雷是一种伪装成安全物品的军用爆炸武器，而自制诡雷则是指通过感应机械动作、电流、温度、气压变化等方式触发的具有隐蔽性的自制简易爆炸装置。钢笔炸弹、手提包炸弹、安置在车门或房门的拉发炸弹都是常见的自制诡雷。自制诡雷的起爆装置种类多样，有导火索这样的简单引信，也有气压感应这样的复杂机械电路系统。有的自制诡雷还装有反排除装置，即使被发现也难以被拆除。

（六）汽车炸弹

汽车炸弹与人体炸弹相似，也是通过携带爆炸物前往目标附近的方式发动袭击。但与人体炸弹相比，汽车炸弹可携带的炸药量更多，爆炸威力更强。除了自杀式袭击外，汽车炸弹也常常被用作定时炸弹或遥控炸弹，如西班牙恐怖组织"自由巴斯克（ETA）"开发出的可以远程遥控操作汽车行驶的遥控汽车炸弹。

三、简易爆炸装置的特点

（一）类型多样、技术性强

随着现代通信、微电子等技术的快速发展，简易爆炸装置越来越智能化、科技化、多样化。过去的简单爆炸装置多是导火索点火起爆这样原理简单、结构单一的形式，但现在已经发展为电起爆、气压起爆、遥控起爆、化学定时起爆这样结构复杂、极具技术含量的智能化爆炸装置，很多爆炸装置已经不宜用"简易"来形容。简易爆炸装置技术含量的提高使袭击者不必冒着被发现和受伤害的风险来发动袭击。此外，为了加大袭击成功的可能性，有的袭击者在制作简易爆炸装置时还会设置多个不同原理的起爆装置，即使一个起爆装置失效，其他起爆装置仍可以引爆，确保袭击成功，如2013年"11·6"太原连环爆炸案中的爆炸装置就装有定时和遥控两套起爆装置。

（二）易于制作、难以管控

制作一个简易爆炸装置并非难事，各类教材和互联网资源为学习自制炸药和起爆装置提供了极大的便利。虽然我国对工业用炸药采取了严格的管制措施，但仍有人可以通过非法手段获得。而自制炸药的杀伤力较低，其原料多为日常生活中的常见物品，可以通过合法渠道购买，难以受到有力管控，此外，感应器、定时器、遥控系统等制作起爆装置所需的材料也可以从商店购买，现代互联网电子商务使这些原材料的购买变得更为简便。一些恐怖分子甚至可以不携带任何原材料就能在目标城市制作烈性炸药和爆炸装置。由于大多数原材料可通过合法途径购置，不法分子制作简易爆炸装置很难受到政府的有力监管和控制。

（三）破坏性强、危害极大

简易爆炸装置具有极强的破坏性，其破坏性一方面是来源于自身的杀伤效应，爆炸物主要通过冲击波、破片和热量对目标进行杀伤，爆炸产生的噪音和有毒气体对人体也会产生严重影响。爆炸产生的冲击波和破片等可以覆盖一定的区域，在此区域内爆炸物可以同时对多个目标进行有效杀伤。与其他袭击形式相比，爆炸袭击对人对物的破坏性更强。如果爆炸袭击发生在医院、化工厂、核电站等地点附近，还可能造成生化污染、放射污染等严重次生伤害。另一方面，爆炸时产生的巨响、强光、烟雾以及受爆炸毁伤的人体组织、建筑废墟、车辆残骸等现场环境会使目击者产生巨大的恐惧和惊慌，给爆炸袭击幸存者带来极大的心理阴影，在人员密集的地点易造成踩踏，并影响现场附近单位和群众正常的工作和生活秩序，给整个社会造成恐慌和混乱。

（四）突发性强，难以防范

简易爆炸装置往往被伪装成日常生活常见的物品，起爆方式也由简单的导火索、雷管和机械定时装置逐渐发展为物理感应、电子遥控等更为安全、隐蔽的技术性装置，爆炸装置的安放位置也十分隐蔽，即使是受过一定军事训练的人也难以发现。在发动袭击时，袭击者还经常运用"多点开花"的方式，在多个地点设置爆炸装置，这不仅可以同时在多处发动袭击，造成更大的破坏和影响，一定程度上也能分散警方注意力，提高袭击的效果。有时袭击者还会在袭击现场设置隐蔽爆炸物，在警方进行现场后期清理工作、防范意识较松懈时实施二次袭击。简易爆炸装置的伪装性、隐蔽性强，袭击方式突然，使得简易爆炸装置袭击具有极强的突发性，对其进行防范的难度极大。

四、制造简易爆炸装置袭击者的类型

（一）暴恐分子

在近年发生的暴力恐怖袭击事件中，简易爆炸装置成为暴恐分子发动袭击的重要工具。暴恐分子持爆炸物袭击的主要方式包括：向人群投掷爆炸物，杀害无辜群众；利用自制炸弹袭击政府部门和公安机关、对特定人士实行暗杀；个别狂热暴恐分子在自己身上捆绑炸弹冲进政府部门和军警驻地实行自杀式袭击；利用遥控玩具携带爆炸物袭击特定目标。以我国为例，暴力恐怖组织常与境外恐怖组织和反华势力相互勾结，不少暴恐分子通过境外流入的资料学习自制爆炸物并接受相关培训。过去暴恐分子爆炸袭击的目标主要是政府机关和军警驻地的军警人员，但近年来暴恐分子开始把普通群众作为袭击目标，袭击时不分男女老幼，不分民族，袭击地点逐渐由边疆向内陆扩散，袭击手段极其残忍。此外，暴恐分子使用爆炸物袭击常常与刀斧砍杀、驾车冲撞等袭击方式相结合，使其性质更加恶劣，危害更为严重。

（二）个人极端暴力者

个人极端暴力者是指一人策划、筹备、实施极端暴力行为的行为人。这些人多处于社会底层，自身素质较差，或多或少有一些心理障碍，在其受过一定的重大挫折后容易认为自己遭遇不公，进而将自身挫折和压力迁怒于社会和他人，经过一段时间的积累后实施报复社会的极端行为。这些人所用的爆炸物主要是烟花爆竹内的黑火药或硝铵化肥等生活中易于获得的原料，如"7·20"首都机场爆炸案；有的通过非法手段获取工业炸药制作爆炸装置发动袭击，如"7·30"长沙税务大楼爆炸案。个人极端暴力者持爆炸物袭击的目标主要是政府机关等部门及公共场所，其目的是报复社会和政府、制造影响。由于个人极端暴力者持爆炸物袭击由袭击者单独实施，与有组织、有预谋的暴恐分子相比，对其进行防范的难度更大。此外，个人极端暴力者常常被舆论塑造成生活悲惨的弱势群体，以博取社会关注，其社会影响性在某种意义上甚至强于恐怖袭击，如"7·30"长沙税务大楼爆炸案发生后，网络上不乏为袭击者叫好的言论。

（三）严重暴力刑事犯罪嫌疑人

爆炸袭击是实施抢劫、杀人、绑架等严重暴力刑事犯罪嫌疑人作案的一种手段，使用简易爆炸装置作案的犯罪嫌疑人通常有一定文化基础，对爆炸原理有一定的了解，能制作或有途径购买炸药及起爆装置，身心素质较强，具备一定的反侦查能力，智能化程度较高，如犯下"11·19""3·3""12·9"系列银行劫案的张书海；在杀人、敲诈等犯罪活动中，简易爆炸装置多是犯罪嫌疑人的主要作案工具；在进行抢劫、绑架等犯罪活动时，简易爆炸装置通常作为持枪、持械作案的辅助手段或是与警方殊死抵抗的底牌，如"12·9"银行劫案中犯罪嫌疑人使用爆炸物炸开银行防弹玻璃。与单纯持枪持械作案相比，持爆炸物作案的案件性质更为严重，对民警和群众的威胁更大，处置警情、抓捕犯罪嫌疑人的难度和危险性也随之加大。

项目三 X射线安全检查

X射线又叫伦琴射线，因波长很短，穿透力很强且对人体有伤害，所以，在实践中常采用微剂量X射线源，不连续的X射线检查系统进行安全检查工作。每次检查所使用的X射线的剂量不超过1毫伦，这样不仅可以保证工作人员的安全，而且也能保证被检物的安全，不会导致照相胶卷等感光材料曝光而废弃。因为 X 射线有较强的穿透物质的能力，根据对物质的穿透程度，可获得不同的空间分辨率。X 射线对多数物质能激发出可见荧光，运用光电效应能得到透射图像，进而转变成为电视图像，根据 X 射线的这些特性，可以制造出多种探测用的 X 射线安全检查设备。

一、X 射线安全检查设备概述

X 射线检查设备按使用的 X 射线能量谱可分为单能和双能 X 射线检查设备，双能 X 射线检查设备又分为传统双能量 X 射线探测设备和 AT（先进）技术 X 射线探测设备；按使用射线源的投影方式可分为单视角、双视角和多视角 X 射线设备；按射线源射束的出射方向可分为侧照式、底照式和顶照式 X 射线设备；按成像原理可分为点扫描、线扫描、CT 检测以及便携式 X 射线设备；按 X 射线的利用原理可分为双能透射式、背散射式、衍射式设备；按设备的用途可分为手提（小件物品）行李检查设备、托运行李检查设备、货物以及集装箱检查设备、人体扫描检查设备。

早期使用的安全检查设备一般是透射式的单能 X 射线设备，只能得到被检物按密度及原子序数衰减的黑白图像，物质的密度及原子序数越大，对 X 射线的衰减就越大，穿过被检物到达探测器的 X 射线光子数就越少，图像就暗。反之，密度及原子序数小的物质对射线的衰减就小，图像就越亮，这种设备对探测隐藏的金属武器特别有效。

随着科学技术的不断发展，塑料手枪以及陶瓷刀具和炸药逐步成为恐怖分子进行破坏的工具，随之出现的双能 X 射线检查设备成为探测此类威胁物的有力工具。双能设备利用了两个或多个 X 射线能谱和物质相互作用，从不同的高、低能谱信号中得到有关被检物原子序数信息，从而得到被检物的物质组成信息，有效地区分有机物和无机物，并给出不同颜色，此类设备被广泛用于机场、铁路、港口、海关以及重要部门。

X 射线探测设备以计算机为平台，采用了计算机图像处理、存储和显示等技术的诸多优点，为用户提供了高质量图像和多种服务功能，如超级图像增强、多种组合控制、危险品图像自动插入、数据报告的浏览和打印输出、图像存储和图像转储、图像回放、网络接口、操作员培训、系统自诊断等功能。设备使用了折弯型高效半导体探测器，可以对被检物进行无死角检查。设备不仅提供反映被检物吸收特性的 X 射线透视图像，还可以提供有关被检物质化学组成的信息，并对不同物质赋予不同的颜色，对于行李中某些过厚而穿不透或者密度较大的物品或区域自动给出提示。设备也能识别某些特定危险物，如炸药、毒品等，并赋予不同的颜色。设备装备了输送带系统，被检物可以快速地通过 X 射线检测区域，检查效率大大提高。设备采用线扫描或点扫描工作原理，单次检查泄漏射线的剂量较低，一般不需要再加特殊防护设备，高能 X

射线以及加速器系统则主要用于集装箱等大型货物的检查。

二、X 射线双能量探测设备

（一）传统双能量 X 射线检查设备

传统双能量 X 射线检查设备使用层叠型能量探测器，射线源的工作高压一般为 140KV。射线穿过被检物后首先到达低能探测器，低能探测器吸收衰减了的低能 X 射线。在低能和高能探测器之间有一个低能滤波器，穿过低能探测器和低能滤波器的高能射线被高能探测器吸收。探测器一般采用半导体探测器，将强度变化的 X 射线信号转换成可处理的电信号，专用处理电路把每一像素的模拟信号转换为数字信号，并对每个像素进行偏移和增益校正，然后将校正的信号送到计算机进行存储和多种图像处理，并在显示器上显示彩色的能量型 X 射线图像，典型的顶照式 X 射线检查设备的外形图与工作原理如图 5 - 1 和图 5 - 2 所示。

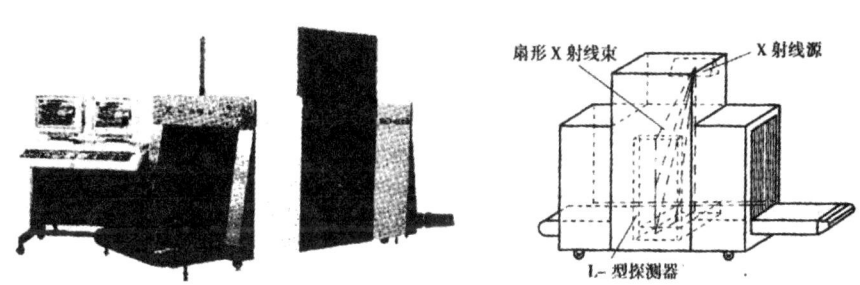

图 5 - 1　顶照式 X 线检查设备外形图　　图 5 - 2　设备工作原理图

（二）AT（先进）技术双能量型 X 射线探测设备

AT 技术的双能量 X 射线检查设备通常使用 2 个 X 射线源和 2 套独立的探测器，通常低能 X 射线源的工作电压为 75KV，高能 X 射线源的工作电压为 150KV，滤波器滤除了高能源的低能射线，低、高能射线可以很好地分离。低能探测器吸收低能源发出的低能 X 射线，得到被检物的低能信息；高能探测器吸收高能源的高能射线，得到被检物的高能信息，然后再计算出被检物组成物质的有效原子序数信息。这种先进的双能量设备探测物质的有效原子序数精度高，其炸药探测率要高于传统的双能量设备，也被称为炸药自动探测设备。其工作示意图如图 5 - 3 和图 5 - 4 所示。

图5-3 双能量 X 射线检查设备图   图5-4 双能量设备工作

（三）TRX 设备

TRX（TIP Ready X - ray machine）设备是指具有 TIP 功能的 X 射线检查设备。TIP（Threat Image Projection）功能是指危险品图像的注入功能。当旅客行李包裹正在被检查时，TIP 能自动注入虚拟的危险品图像（FTI），或在旅客包裹队列中注入一个完全虚拟的包裹图像（CTI），如图5-5至5-8所示。

TIP 功能主要是为了训练操作人员，提高他们识别危险品的能力，操作人员需要对他们看见的每个行李做出决定，如果行李图像中注入了危险品，应立即做出反应。当操作人员知道操作的设备具有 TIP 功能时，他们始终会意识到屏幕上随时有可能出现危险，这样可以使操作人员时刻保持警惕性，提高判识图像的能力和质量。

TRX 设备区别于其他设备的明显标志是，所有 TRX 必须安装有指示危险品报警的警示杆装置。

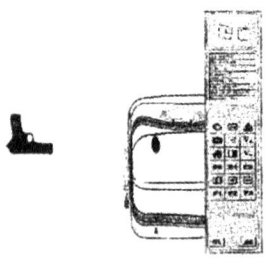

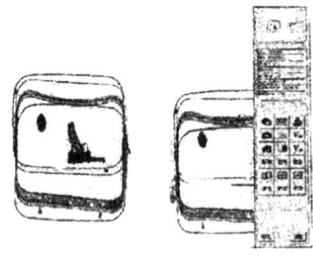

图5-5 虚拟手枪图像   图5-6 注入虚拟危险品的 FTI 图像

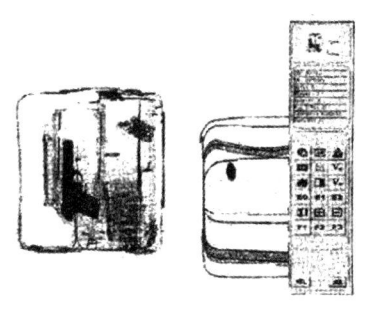

图 5-7　设备注入 CTI 的图像

图 5-8　TRI 设备

（四）能量型 X 射线检查设备的主要技术指标

1. 线分辨力

设备能分辨单根实芯铜线的能力一般用线的标称直径（毫米）或对应线号（AWG）表示。设备应能分辨标称直径为 0.202 毫米（AWG32）的单根实芯铜线。

2. 穿透分辨力

设备分辨规定厚度合金铝阶梯下单根实芯铜线的能力一般用铜线的标称直径（毫米）或对应线号（AWG）表示。

3. 空间分辨力

设备分辨金属线对的能力，一般用线的标称直径（毫米）表示，设备应能分辨直径为 2.0 毫米的线对。

4. 穿透力

设备穿透被检物品的能力，一般用钢板的厚度（毫米）表示，设备的穿透力和 X 射线源的工作电压有关，电压越高，穿透能力就越强。

5. 灰度分辨

设备分辨同种材料、不同厚度被检物品的能力。一般用合金铝阶梯的阶梯数表示，设备应能分辨厚度为 1~60 毫米、厚度差不小于 1 毫米的铝阶梯。

6. 有机物分辨

设备分辨有机物的能力，一般用可分辨有机物阶梯的厚度表示，设备应能分辨厚度为 1~120 毫米的聚甲基丙烯酸甲酯，并赋予不同饱和度的橙色。

7. 混合物分辨

设备分辨混合物的能力，一般用可分辨铝阶梯的厚度表示，设备应能分辨厚度为 1~60 毫米的铝，并赋予其不同饱和度的绿色。

8. 无机物分辨

设备分辨无机物的能力，一般用可分辨钢阶梯的厚度表示，设备应能分辨厚度为

0.2 ~ 14 毫米的钢，并赋予其不同饱和度的蓝色。

9. 材料分辨

设备分辨具有相同 X 射线衰减能力、不同等效原子序数物质的能力，设备应能分辨具有相同 X 射线衰减能力、不同等效原子序数的 3 种材料样本，并赋予 PVC 板绿色，赋予模拟物板和尼龙板橙色。

10. 有效材料分辨

设备分辨规定厚度钢阶梯下具有不同等效原子序数物质的能力，设备应能分辨 1.5 毫米、2.0 毫米和 2.5 毫米等 3 种厚度钢板后面的、具有相同 X 射线衰减能力的、不同等效原子序数的 3 种材料样本，并分别赋予橙色、绿色和蓝色。

项目四　金属探测器

金属探测器已成为一种重要的安全检查设备，可以有效地检测出人身携带的枪支、匕首等金属武器。用于人身检查的金属探测器分为手持式和通道式两大类，通道式的金属探测器也称为安全门，有立柱式、平板式、门框式等多种形式，当人通过安全门时，其随身携带的金属物品就会被检查出来；手持金属探测器用于对人身进行更详细的局部检查，特别是针对经过安全门发出报警信号的旅客。

一、通过式的金属探测器

通过式的金属探测器主要用来对人体携带金属物品的探测，广泛应用于机场、监狱等重要部门的安全检查，以及贵重金属生产部门。它主要是检查枪支、弹药以及匕首等物品。这种设备使用简单，只要被检人员以正常速度穿过大门，如果被检人员携带了金属物品，设备会自动报警。

二、手持金属探测器

手持金属探测器广泛应用于机场、港口、海关、铁路、监狱、重要出入口及各类公共场所、大型活动的安全检查，能快速准确地检查人身和小件包裹中是否含有不允许携带的各种金属武器及贵重金属，是防止犯罪的必要而理想的器材。手持金属探测器使用对人体无害的微弱低频电磁场，长期工作对人身无任何伤害，对被测物中的胶卷及磁性物质（磁带、信用卡、磁盘等）无任何不良影响。

手持金属探测器的工作原理和金属探测门基本相同，都是仪器本身建立了一个平衡的电磁场。当有金属物品接近时，就破坏了磁场的平衡，电磁场参数发生变化，导致探测场发生变化而引起探测器本身频率、相位和幅度的变化，检测出的这些相应的变化量用于报警信号。

三、影响通道式金属探测器探测的主要因素

（一）系统识别能力

系统识别能力是金属探测器的重要指标之一，既是指金属探测器区分武器和其他金属物的能力，指金属探测器能检测出达到足以构成武器的金属，而忽略较小金属物品（指人体携带的饰物）的能力，也是指系统区别金属和人体及其他物品的能力。例如，在机场应用中，希望金属探测器能可靠地检测出武器，而对人身携带的各种小金属物品，如皮带扣、拉链、眼镜和手表等则不产生报警。

（二）测试物的质量和形状

不同种类的金属或不同成分的合金或测试物进入探测场方向不同都会影响探测效果。两个材料相同、质量不同的金属球，一个是实心的，另一个是空心，当通过金属探测器时，响应是一样的。若这两个球的形状大小是一样的，只是质量不同，如果空心球的壁厚大于5倍集肤深度，以同样的条件进入探测场，产生的涡流基本相同；如果空心球的壁厚小于5倍的集肤深度，金属探测器的响应会有差别。这说明，测试物的大小比其质量对探测器的影响更大。另外，具有相同质量但形状不同的物体，通过探测器的结果也不一样。用两块厚度和面积相同的铝板做试验，一块是边长为3英寸的正方形，另一块是1英寸×9英寸的矩形，分别以相同的方式进入探测区。发现正方形铝板产生的响应大于矩形。这是因为正方形铝板与矩形铝板包围磁力线的面积相等，产生的感应电压相等，但前者的周长小于后者的周长，因而，其电阻小、涡流大。在表面积相同的情况下，具有小周长的物体产生的涡流较大，也最容易被探测。

（三）测试物的材料特性

由于金属和合金的种类很多，其电磁特性和导电特性也不尽相同。实践证明，在导电率相同的情况下，铁磁金属比非铁磁金属容易被探测，而导电率很高的非铁磁金属比导电率很低的铁磁金属更容易被探测。

（四）探测方向

当一个非球形的物体，例如薄板形的物体，以不同的方位通过探测器时，探测响应是不同的，铝板的大平面与磁场方向垂直时比其沿磁场方向切割会产生更大的涡流。

项目五　炸药探测器

一、炸药探测器

炸药是炸弹的重要组成部分，防爆安全检查一个重要工作就是探测放置在行李、包裹、箱子内以及隐藏在人体某部位的隐藏炸药。人类对微量物质的探测早已从准确定性进入到准确定量阶段，利用气相色谱、质谱、核磁共振等大型分析仪器，可以将10^{-12}克以下的微量物质，定性定量地分析出来，但是在防爆安全检查中这些对实验条件要求苛刻的大型设备并不适用，所以小型炸药探测器应运而生。

（一）蒸气压法

任何物质不论是固态、液态都有自己的蒸气压，也就是"气味"。捕捉炸药特有的"气味"作出定量分析就是炸药探测器的任务。所以依据这类原理制作的炸药探测器产生产品被称为"电子鼻"，目前广泛应用的便携式炸药蒸气探测器，主要依据电子俘获法和离子俘获法两种原理制成。

1. 电子俘获法

这种探测器主要是由真空收集系统、加热系统、电子俘获系统和处理系统组成，通过电离对比探测发现炸药微粒。使用时，设备用真空收集系统对被检物表面进行吸附，将微量炸药蒸气吸入探测器中，经加热系统加热后用惰性载气或空气传输到电子俘获系统，此时亲电炸药分子就会俘获一部分热电子，不同炸药俘获热电子的能力不同，因此在处理系统上就会显示出不同的信号，从而为检物定性。

电子俘获法检查炸药所用设备体积小、重量轻、携带方便、操作简单，对防爆安全检查的专业人员探测隐匿炸药确实起到了一定作用，曾一度被广泛的使用。但是由于许多日用品、化妆品、香烟等类似炸药的亲电物质经探测器时也会发出报警，所以用电子俘获法制成的炸药探测器误报率相当高，严重影响使用效果。

2. 离子俘获法

此类探测器主要由真空收集系统、加热系统、离子俘获法系统和处理系统组成，通过加热对比检测发现炸药微粒。电子俘获法有严重缺陷，离子俘获法原理制作探测器开始问世。使用时，设备用真空系统收集系统在被检物表面吸附，经加热系统加热后，炸药分子进入到离子俘获系统，此时各不相同的炸药离子被俘获系统分别俘获，在处理系统中被定性分析出来，由于各物质（如炸药）的离子各不相同，在处理系统中不会出现将离子特征"搞错"的现象，所以这种探测器误报率很低。

（二）散射扫描法

散射扫描法的炸药探测设备一般由 X 线射线源的扫描头和包括微处理器的电子学测量探头两部分组成，利用康普顿散射效应实现炸药探测功能。使用时，探扫描头在被测物表面进行扫描，X 线与被测物分子相互作用产生康普顿散射效应，电子测量单元由此测出被测物的电子密度分布，进而得到被测物的物体密度、有效原子系数和百分比含量等 3 个物理指标，从而确定被测物是不是炸药。从理论上讲，这种技术比蒸汽气压法可靠，但目前技术还不成熟，尚未投入市场使用。

二、防爆处置器材

防爆处置器材是防爆安全检查专业人员对被检查目标（人、物、场所）所使用的专业器材，可分为排爆专用工具组、排爆杆、液氮冷冻系统、切割器材、爆炸物摧毁器材和排爆机器人等。

（一）排爆专用工具组

为了排爆现场方便作业，排爆专业人员纷纷配置了手工排除爆炸物的专业工具组。既有用于远距离移动及开启可疑物的绳、钩、线，也有用于剪切、裁包的刀、剪、钳，还有用于开锁、撬箱的工具，总之，一切在排爆工作中可能用到的工具，经过认真选择，都可以被配置到排爆专用工具组里。

（二）排爆杆

排爆杆是由机械手、机械杆和控制系统组成，是使排爆人员与爆炸物保持一定距离（1~3 米），对爆炸物实施抓、拿、剪等动作。排爆杆具有简单方便、移动灵活、可折叠可拆除、便于运输等特点。

（三）液氮冷冻设备

液氮冷冻设备里有温度在 −190℃~−180℃ 之间的液态氮，在这个温度下电池、电源以及钟表定时器等机械装置都会停走、失效。实验表明，液态氮使电池失效的时间大致为 90 秒，使机械装置停走的时间大概是 3 秒。根据这一原理，结合起爆装置大都用电引爆和机械定时引爆等特点，人们设计出液态冷冻系统。

液态冷冻系统由冷冻系统、液氮、承载液氮的容器组成，一般有喷射法和浸泡法两种工作方式。浸泡法配制的液氮系统由液氮罐和保温桶组成，使用时将爆炸可疑物放入保温桶中，倒入液态氮将爆炸可疑物冷冻；喷射法，使用时直接将液态氮罐子喷嘴对准可疑物喷射，直到可疑物被冷冻为止。

（四）切割器材

在排爆工作时，技术人员通常要剪断导线、割开包装物、切削硬物，这种切割作业，如果靠刀、剪、钳等手工施行，会很危险。因此，研究者研制出专用切割器材，主要有导线切割气、导爆索、水切割器 3 种。

1. 导线切割器

导线切割器为了降低排爆人员接近爆炸物并用手剪断装置内导线的危险性，而设计出远距离切割导线的器材，由火药、刀片、外壳 3 部分组成，外观类似一只雷管，头部一个缺口正好能搁卡在直径 5mm 以下的导线上，缺口上下两边各有一个锋利的钢片，尾部用发射药装填，插入电发火装置并用 50m 以上的导线引出。使用时，将缺口处搁卡在导线上，远距离用起爆发射药，缺口的两个钢铁在发射药爆燃产生的气体推动下将导线切断，达到远距离剪切导线的目的。

2. 导爆索

导爆索是一种火工品，在雷管引爆下，不仅爆炸能沿着导爆索方向传播，而且冲击波也与导爆索成切线方向传播，利用这一原理来达到用导爆索切割爆炸装置的外包装物目的。使用时，可根据欲切割物体的位置和厚度，来确定导爆的缠结方法和导爆索的根数。

3. 水切割器

水切割器是借助喷射高压水流将具有硬包装（如铸铁）的爆炸物切割开来的专用器材，一般由高压水枪、储水罐（或就近水源）组成。使用时，可借助机器人远距离将水枪对准爆炸物硬包装喷射。

（五）爆炸物摧毁器材

对爆炸物用手工施行摧毁非常危险，人们研制了能够摧毁爆炸装置而不引爆炸药的器材，其主要有水枪和铸铁管炸药摧毁器 2 种。

1. 水枪

水枪也叫爆炸物摧毁器，由枪身、枪架、电发火装置组成。使用时，将枪管前端装上水（根据不同情况可以发射沙子、金属弹、塑料）用塑料盖密封，后端装上枪弹，然后架好水枪使之对准爆炸物，启动电发火装置远距离点火，当后端的炸药被点燃后，产生的高压会推动前端的水形成高压水流高速射向爆炸物，爆炸物的外包装及内部组件在高压水流作用下解体。实验结果表明，由于水枪摧毁爆炸装置的速度极快，快于雷管引爆炸药的速度，所以雷管和炸药不会因此爆炸。根据实际排爆工作情况，水枪的型号分为大、中、小 3 种。小号水枪适合摧毁邮件炸药和用纸作为包装物的小型爆炸物；中号水枪适合摧毁用皮革、薄木箱作为包装物的中等体积的爆炸物；大号水箱适合摧毁用薄铁片和厚硬模板包装体积较大的爆炸物。

2. 铸铁管炸药摧毁器

铸铁管炸药摧毁器也称定向切割器或引信切割器，与水枪的外形、制作原理、使用方法基本相似，只是在枪管前端安装了一个锋利、坚硬的小钢铲。击发时，钢铲在高压下射向铸铁管炸药，将铸铁管切开，这种针对恐怖分子越来越多使用铸铁管炸药而专门设计的摧毁器材，同时也能切割制式炸药的引信。

（六）排爆机器人

排爆机器人是一种代替排爆人员在爆炸现场接近爆炸物，对其进行检查、处置的综合专用器材。一般来说，排爆机器人由移动工作平台、机器臂、遥控器 3 部分组成，采用轮式或履带驱动方式运动。从整体外观看，它类似一个小型坦克，既能平地行走，又能上下台阶，底部具有一个稳定的平台，上面安装了一个机器臂。臂上可替换安装 X 射线仪、水枪、钩钳等排爆专用工具，同时，机器人在车前、车后和机械臂上都安装了摄像头，供操作人员在远距离对设备进行控制，机器人采用有线或无线距离控制，距离一般在 100 米左右，排爆机器人是处置爆炸物中最安全有效的综合器材。

项目六　机场安全检查

一、机场安全检查

机场安全检查是指在民用机场实施的为防止劫（炸）飞机和其他危害航空安全事件的发生，保障旅客、机组人员和飞机安全所采取的一种强制性的空防安全技术性检查。乘坐民航飞机的旅客在登机前必须接受人身和行李安全检查项目，这也是为了保证旅客自身安全和民用航空器在空中飞行安全所采取的一项必要措施。

机场安全检查事关重大，而安全检查模式这个关键要素却不易被察觉。安全检查模式实际上是综合了国际规则、国家政策、行业标准与规范、相关技术发展现状与趋势、安检业务需求、经济发展状况、民族文化特质等要素，最终服务于民用航空、国家和国际社会安全的保障形态和方法。

保证航空安全的机场安全检查业务，事关千千万万旅客的生命安全，和我们日常生活密切相关，也是国际反恐的重要前线。航空安全一旦出事，后果是灾难性的，对社会的冲击力极大，公众信心挽回难度极高，甚至导致国家间的战争，引发国际关系的重大变化。

美国，2001 年"9·11 事件"发生不久后，联邦航空局执行副局长 Monte R. Belger 在美国参议院听证会上对安检及其作用有以下阐述："航空安全的目的是为了防止针对飞机、旅客和机组乘员的伤害，同时支持国家安全和反恐政策"。

二、机场安全检查模式

机场安检模式是综合了国际规则、国家政策、行业标准与规范、相关技术发展现状与趋势、安检业务需求、经济发展状况、民族文化特质等要素，最终服务于民用航空、国家和国际社会安全的保障形态和方法。

对民用航空首先构成威胁的是劫机行为，有记载的第一次劫机和第一次致人死亡的劫机可分别追溯到 1931 年的秘鲁和 1939 年的美国。据统计，二战后 1948 至 1957 年这 10 年间，全世界共发生 15 起劫机事件，平均一年不到 2 起。但到了 1969 年，一年就发生了 82 起劫机事件，仅 1969 年 1 月，就有 8 架飞机被从美国劫往古巴，这主要是由于美、古对抗所引发的双向劫机风潮。美国被迫于 1970 年开始配置空中警察，但人数严重不足，有效的安全措施还得从地面抓起。1973 年 1 月 5 日，美国联邦航空局要求所有的航空公司对旅客和其随身行李进行安全检查。

伴随着民用航空在全世界的发展普及和各种国际民族、宗教、恐怖主义等问题的激化，围绕热点地区的航空安全事件愈演愈烈、造成的伤亡愈发严重，安检一边在需求中普及、一边在对抗中提升，安检模式也在有针对性和预见性地逐步成型和完善。

（一）"大羊圈"安全检查模式

在早期，国际上常见的安全检查形态是在机场候机楼的入口处设置第一道安检线，配备行包安检设备；在候机楼内再设置第二道安检线，配备行包和人身安检设备。其检查方式为：第一道安检线检查旅客所有的行李（交运和手提），但不检查人身；在旅客完成值机手续后，第二道安检线检查手提行李和人身。由于其设计初衷是将整个候机楼离港区域规划为安全区，业界形象地称之为安全的"大羊圈"。对交运行李检查业务而言也叫"门厅入口式"安检模式。这种模式在早期发挥了作用，即便在近期，某些国家和地区的机场依然能看到这种安检模式。但这种模式已暴露出较大的安全隐患和低效性，如旅客人身并未接受检查时可再接触行李，第二道安检线对手提行李重复检查等问题。

（二）"柜台式"安全检查模式

上世纪 80 年代，我的机场仍普遍采用曾流行于国际上的"大羊圈"模式，但共性的问题和弊端开始显露。1983 年 5 月 5 日的"卓长仁劫机事件"和 1993 年爆发的多起大陆劫机事件，使我国民航总局坚决启动和全面执行"流程改造"，提出"交运行李百分之百全检、检查过的行李不能再回到旅客手中"的目标。于是所谓的"柜台模式"应运而生，将交运行李的安检工作转入后台程序，经过安全检查的交运行李不会再回到旅客手中，消除原流程存在的安全隐患。

最早的柜台模式首先于 1991 年在香港原启德机场应用，系统主体以公安部第一研究所的双通道 X 射线检查设备来构建。该系统的设计理念就是将第一道安检线后移至值机柜台，结合值机柜台两个一组的特点，配备双通道 X 射线安检设备，并一对一配备安检员，确保检查过的行李不能再回到旅客手中。

（三）"主带式"安全检查模式

发生于 1988 年 12 月 21 日的洛克比空难是一个典型事件，它标志着劫机形式向更为恐怖的炸机方式转变。交运行李爆炸物探测安检设备研制成功的同时，由于其存在"一大、二沉、三贵"的问题，对已存在的安检模式也提出了挑战。体积太大，装在柜台处将占去值机大厅大量面积；设备太重，候机楼二层值机大厅承载这么多且沉的设备基本不可能；价格太贵，按柜台数量配置，用户根本不能承受。所以，安检线再次后移，将爆炸物探测安检设备安装在主带上，成为最可能的解决方案，由此构成多级系统（三级或五级），这就是"主带模式"，也可称之为"嵌入模式"。

需要说明的是，我国民航安检法规要求必须在旅客在场时方可开包检查，柜台模式可以将开包检查的工作及时在现场完成。虽然有部分国家规定可强行开包检查，但终究对服务形象有影响。为降低开包率，主带模式下违禁品的查控范围也有不同程度的减少。除此之外，国外可以接受一级安检设备判断通过的行李图像不需送二级人工判断这样的工作方式，国内则为了提高安全性，仍要求全部图像送二级判断，由此对安检员数量产生了不同的需求。如果爆炸物探测安检设备能够做小、做轻、价格也大幅下降，使得拥有爆炸物探测能力的安检设备能安装在柜台处，那么仅就安检模式来说，柜台模式要优于主带模式。

（四）旅客检查模式

机场安全检查配置人身安全检查设备检查旅客，随着各种相关民航安全事件的发生，旅检技术和规则等方面也在不断发生变化。

2002 年发生在我国的"5·7"空难和 2006 年英国破获的图谋以液体炸弹爆炸 10 架以上飞往美国和加拿大航班的"横跨大西洋飞机计划"，使得安检规则对液体的控制趋于严格，检查条例和测试方式也纷纷出台，厂家也在积极研发可探测易燃易爆等危险液体的检查设备。此外，"9·11 事件"和 2009 年 12 月 25 日的"圣诞节炸弹事件"（俗称"裤裆炸弹事件"），使得对有争议的旅客人身成像式安全检查新技术的开发和应用成为持续的讨论热点。

三、机场安全检查需整体解决方案模式

首先，整体解决方案打破了以往各部门或者各业务子系统"信息孤岛"的状态，通过统一的网络覆盖了机场多个安全相关部门的业务，实现了所谓的"大安检"（或者称作"联检"）概念。这些联检单位包括安检、海关、检验检疫、公安、国安等部门。特别是对安检业务进行了全方位的满足，它容纳了一线安检业务中的旅客交运行李检查、旅客手提行李检查、旅客证件检查、旅客人身检查、寄存行李检查、商品及货物检查、CT 行包检查、液体检查、CCTV 监控，以及二线安检业务管理中的安检人员培训与考核、安检突发事件处置、反劫机应急查询、安检综合信息管理，等等。通过机场安全检查分层管理信息系统，机场安全相关部门在一个集中、统一、信息丰富的综合业务平台上，通过对信息的综合研究、判断和利用，可以更加便捷、高效地完成各自的工作。

其次，系统基于开放式架构设计，实现了与机场行李处理系统、离港系统、时钟系统、航班信息集成系统、登机口系统等多个系统的接口，通过对相关信息的整合与关联应用，提高了各业务关联部门的协同工作效率和质量。同时，这种开放式架构也有利于系统规模和新业务功能的扩展。在系统运营过程中，增加了"旅客仅凭身份证通过安检"功能，满足了航空公司的新业务需求，为旅客提供了更加人性化的服务。再如，应用城域网技术，系统又扩展实现了"城市航站楼"功能，旅客在"城中"即可方便地先期完成交运行李安全检查，随后再"轻装"前往机场。

四、机场安全检查与人身健康及公众知情权

为了提高安检的效率及准确性，机场往往借助更加先进的安检设备或者仪器。但有反对者提出，扫描设备可能对人体健康造成危害。据悉，目前使用的全身扫描仪主要有两种：一种是 X 射线扫描仪，另一种是毫米微波扫描仪。人们都知道，过量 X 射线对身体健康有害，甚至可能会引发癌症。虽然政府相关机构解释说，目前扫描仪的使用时间短暂，整个全身扫描过程不会超过 20 秒，人体接受的辐射总量是在安全范围之内，但由此带来的健康隐患始终是一个无法逃避的话题，比如有医学专业人士指出："从统计学上看，有些人确实可能因为接受 X 射线患上皮肤癌。"

2016 年，在成都双流国际机场，就有媒体曝光机场采用"弱光子人体安检仪"。

该人体安检仪使用了能穿透人体的 X 射线，但没有在显著位置贴出电离辐射警示。相关企业表示弱光子人体安检仪得到了中国科技大学、中国科学院、公安部相关专家的支持。以 NQR 定性技术和弱光子透视技术研发而成的神枪系列人体安全检测仪，是目前世界上十分实用的人体安全检测装备。但国内相关领域的专家表示，目前双流机场等公共交通设施应用这些设备，估计辐射剂量是很低的，由于这类辐射会有一个累积效应，再低剂量的穿透射线，也需要警示，尤其对孕妇等特殊人群。

当今，安全形势严峻的背景下，加强更加严格的安全检查无可厚非，但如何借助科技实现机场安全检查与效率的提升，提高旅客体验，同时保证旅客健康等知情权，成为政府、机场以及每个旅客必须考虑的问题。

思考练习

1. 简述防爆安全检查的几种方法。
2. 简述简易爆炸装置的特点。
3. 影响通道式金属探测器探测的主要因素有哪些？
4. 简述防爆处置专业器材的种类。